广东省本科高校教学质量与教学改革工程精品教材
华南理工大学"十三五"普通高校教育规划教材

大学生形体与形象塑造

主编 樊莲香 汤海燕 陈向平

高等教育出版社·北京

内容简介

　　本书分为形体训练、礼仪塑造、形象塑造三篇，主要内容包括形体训练概述、科学的形体塑造、形体基本训练、形体舞动训练、形体健身计划、日常礼仪、坐立蹲行训练、造型美姿塑造、礼仪组合训练、日常礼仪常识50问、好的形象从头开始、色彩搭配、款式风格塑造、扬长补短的装扮等。本书理论与实践相融合，针对性、实用性强。本书还通过二维码链接的方式关联丰富的内容，如动作技术视频、图片等，有助于大学生主动学习与练习。

　　本书可作为高等院校公共体育教材，也可作为高校教师教授形体课程的教学参考书，还可作为形体培训的培训用书。

图书在版编目（CIP）数据

大学生形体与形象塑造 / 樊莲香，汤海燕，陈向平主编. -- 北京：高等教育出版社，2018.11（2024.4重印）
ISBN 978-7-04-050559-7

Ⅰ. ①大… Ⅱ. ①樊… ②汤… ③陈… Ⅲ. ①形态训练-高等学校-教材②个人-形象-设计-高等学校-教材 Ⅳ. ①G831.3②B834.3

中国版本图书馆 CIP 数据核字（2018）第 203354 号

大学生形体与形象塑造
DaXueSheng XingTi Yu XingXiang Suzao

策划编辑	范　峰	责任编辑	易星辛	封面设计	赵　阳	版式设计	徐艳妮
责任校对	刘娟娟	责任印制	刁　毅				

出版发行	高等教育出版社	网　址	http://www.hep.edu.cn
社　　址	北京市西城区德外大街4号		http://www.hep.com.cn
邮政编码	100120	网上订购	http://www.hepmall.com.cn
印　　刷	涿州市京南印刷厂		http://www.hepmall.com
开　　本	787mm×1092mm　1/16		http://www.hepmall.cn
印　　张	14.25		
字　　数	360 千字	版　次	2018年11月第1版
购书热线	010-58581118	印　次	2024年4月第3次印刷
咨询电话	400-810-0598	定　价	36.00元

本书如有缺页、倒页、脱页等质量问题，请到所购图书销售部门联系调换
版权所有　侵权必究
物料号　50559-00

[编委名单]

主　编：樊莲香　汤海燕　陈向平
副主编：李　菡　任　道　陆颖娜　李家齐
参　编：邓　兵　王素娥　刘　畅　李　莒　韦宇婧　胡　美
　　　　孙传方

[序]

一种善的力量

《大学生形体与形象塑造》是樊莲香等老师,集他们 20 多年的教学经验与研究的基础上完成的;也是在他们继《形体与形象塑造》(2004)、《形象美姿塑造》(2010)之后,第三部写给大学生尚美、求美、自美的实用性教材。该书集形体、礼仪、形象于一体,融合了上述两本教材的精华,并新增了礼仪篇,包括坐立蹲行的姿态美、日常礼仪以及面试礼仪等,更符合当代大学生对美的诉求。

编者把多年教学实践加以总结,把自己在健与美事业中的成长加以升华,把无形的美的素质教育从有形的形体美、礼仪美、形象美的训练和培育中引导,这是奉献给大学生美育的一份追求。

美是什么?其实每个人的心中都有自己的一个定义,一种理解。我想起奥古斯丁说过的一句话:时间是什么?如果没有人问我,我知道时间是什么,如果有人问起我来,我却不知道时间是什么了。我对这句话的解释是:我们都知道在普遍的意义上,时间是光阴的刻度,时、分、秒是其基本的刻度单位。但当我们把时间和人联系起来的时候,时间的内涵就变得极为丰富、多元了,因为在同样的光阴刻度里承载着不同的历史、不同的人生……对美的追问何尝不是如此呢?如果对问题没有限定的话,答案一定是无穷的。

以个人之浅见,对美的解读可以从不同学科的立场,也可以从世俗生活审美主体的角度去把握。譬如艺术中的美,强调对称美、和谐美;体育中的美,注重的是运动健康美;哲学中的美,常常是意象美、生命美。虽然不同学科有不同审美的关注点,但凡以人为对象的审美活动,都无一例外地可分为内在美和外在美。

形体美可以说是外在美的一种重要的表现方式,它也是形象美的基础。形体美主要包括体态美、仪态美。体态和仪态自然受遗传因素影响,体态还会受年龄增长的影响,但通过后天的"整形"和"形训"可以调整和克服某些生理的遗憾和不足,可以改变某些不美的习惯姿态和动作。而在这个训练的过程中,外在形体的趋美性会转化为人内心美的深刻体验,给人带来自信。反之,人内心的美感对人的形体美又会增加活力和魅力。正是在这个意义上,如果说外在美和内在美是相互转化的,不如说它们是相互激发的。

我们常说人是美的,人来到世界就这么神奇般地对称、和谐;自然是美的,那千姿百态与五彩缤纷让人们感为叹之;生活是美的,它的博大与丰厚,使"来生"变成一种追求。这些"美"是客观的,有人感受得到,有人感受不到。于是,智者就用艺术这种超越个人生活阅历、认识局限性的至高表达方式来凝聚美的力量,有心人就将此奉献给需要美、追求美的人。樊莲香老师等就是智者和有心人。我和樊老师是同事，是她对体育教育事业的追求与热忱感染了我，也激励了我。以上所云，仅表达一种敬佩之情。

追求美是人之天性，是人生最高的境界，亦是人生最完美的享受。因为生命的意义不在于贪恋地占有和消耗自身，而在于不断地提升生命的存在方式，我认同生命最高的存在方式就是达到生命的审美境界。大学阶段是人生最富有发展力的时期，希望同学们珍惜并充分地运用大学的资源和养料，全面地丰富自己、发展自己。

心理学家说，"地球不会因为你的自卑而停止转动，却会因为你的自信而转动得更好"。愿"整形"与"形训"带给你更多的自信。

哲人说，"岁月的流逝会使人的皮肤起皱。失去生活的热情，就会使人的心灵起皱"。对生活充满热情的人，必是追求生命之美的人，愿这美的追求带给你不老的青春，永远的活力。

我说，美是一种善的力量，能将美传播给别人的人，一定是更美的人，愿美与你同行。

李 萍

2018年7月

[前言]

《大学生形体与形象塑造》是一本塑造美和传递美的书，它既可面向高校学生，又可面向社会学习者。

本教材由三大核心内容组成：形体塑造、礼仪塑造、形象塑造。这三部分相互影响、相互促进、相互激发。

第一部分：形体塑造

形体美可以说是外在美的一种重要的表现方式，它也是礼仪、形象美的基础。一个人的形体美主要包括体形美、姿态美、动作美。通过形体训练的"整形"和"形训"可以调整和克服形体的某些遗憾和不足，可以改变某些不良的习惯、姿态和动作。在形体训练过程中，我们以训练下肢开、绷、直，上体提、挺、立为教学思路，设计了简单易学、优美的形体地功训练、把杆训练、形体中间部分训练、形体舞动训练等内容。

英国哲学家培根说：在美的方面相貌的美高于色泽的美，而秀雅合适的动作美又高于相貌美。

人之形体美，美在人之形体，美在人之形态，美在人之形象，美在人之行为，美在人之力量，美在人之心灵，是人类外在美和内在美的高度自然的和谐统一。

第二部分：礼仪塑造

礼仪是提升个人形象的行为条件，是有文化教养、道德境界的外部表现。如果说形体美能够使人的外表更美的话，那么良好的礼仪能够塑造出更美好的个人气质。我们要知礼、讲礼、懂礼、行礼。在我们的价值观里，行为模式乃至言谈举止都讲究礼仪，这样才能不断地在美的世界里提升个人品位、陶冶个人情操。

在这一部分，我们将会指导大家在实际生活中，该如何拥有优雅而端庄的坐姿、立姿、行姿和蹲姿，如何按照日常礼仪规范来约束自己的行为，尤其是在待人接物方面，该如何表现出良好的礼仪教养。

通过这一部分的学习，我们期待大家能够做到"诚于中而行于外，慧于心而秀于言"，把内在的道德品质和外在的形体礼仪之美有机地结合起来，内外兼修，真正将礼仪融入日常习惯，融入生活。

第三部分：形象塑造

美的形象表现在形体美、仪表仪容美、言行举止美、服饰美等方面，这些都要求注意礼仪、讲究美感，通过外在形式体现内在思想和文化修养。

人的美感，是由其内外素质统一协调产生的，一个人言行举止得体，那么就会给人以舒适感。产生美感的外在条件是具备形象美的基础；适宜的装扮也是表现美的必要条件；得体的服装既可展示优美的体态，也可掩饰形体的不足，还可映射肤色，凸显气质。形象学家英格丽·张说："这是一个两分钟的世界，一分钟让别人认识你，一分钟让别人欣赏你"，可见形象塑造的重要性。

在形象塑造篇中，我们将教会大家如何辨别色彩，如何判断自己的款式风格，如何做到着装的扬长避短，以及如何选择职业装、发型，如何化妆，如何掌握丝巾的系法等。通过学习这一部分内容，你会发现只要找对了方法，任何人都可以在"美"的领域里找到一席之地，进而掌握美的规律，展现自己的美。

让学习者拥有外在美和内在美，即拥有美好的心灵，正确的审美倾向，丰富的知识和智慧，以及美的形体、礼仪和形象，用内涵精神价值表现自己的特质，这种追求的实现，是我们撰写这本教材的初衷。

认识自己，找到自己，突破自己！

让我们一起塑造美的形象！

编 者

2018 年 8 月 18 日

[目录]

绪论   1

但见琢磨美玉成——形体塑造篇   7

/第一章   形体训练概述   8
    第一节   形体训练的内容与特点   8
    第二节   形体训练的功能   14

/第二章   科学的形体塑造   17
    第一节   形体测量与评价方法   17
    第二节   身体各部位塑形方法   20
    第三节   科学饮食 健康控体   29

/第三章   形体基本训练   34
    第一节   形体美基本训练   34
    第二节   把杆训练   35
    第三节   形体中间部分训练   46
    第四节   形体地功训练   49

/第四章   形体舞动训练   63
    第一节   形体舞蹈训练   63
    第二节   形体瑜伽训练   75
    第三节   形体素质训练   89

/第五章   形体健身计划   105
    第一节   室外健身计划   105
    第二节   室内健身计划   114
    第三节   形体健身注意事项   119

进退有度美容止——礼仪塑造篇   121

/第六章   日常礼仪   122
    第一节   微笑礼仪   122
    第二节   接待礼仪与面试礼仪   125

/第七章   坐立蹲行训练   131
    第一节   坐姿   131
    第二节   站姿   135
    第三节   蹲姿   138
    第四节   行姿   140

/第八章   造型美姿塑造   142
    第一节   步态造型训练   142
    第二节   步态转体训练   144
    第三节   步态组合训练   147

/第九章   礼仪组合训练   150
    第一节   礼仪操组合训练   150
    第二节   坐姿组合训练   153

/第十章   日常礼仪常识50问   156

要眇宜修美型现——形象塑造篇

/第十一章 好的形象从头开始　164
　　第一节　化妆　164
　　第二节　发型　174
　　第三节　眼镜　179
　　第四节　丝巾　183

/第十二章 色彩搭配　189
　　第一节　色彩特征分析　189
　　第二节　色彩搭配方法　192
　　第三节　肤色与色彩搭配　195

/第十三章 款式风格塑造　198
　　第一节　不同风格特征的款式塑造　198
　　第二节　男士四类风格塑造　205

/第十四章 扬长补短的装扮　208
　　第一节　了解你的身材　208
　　第二节　扬长补短的装扮技巧　210

/参考文献　214
/致谢　215

绪　论

一、什么是美

在每一个时代，对每一种文化，人们都在以不同的方式谈论美、追求美。"美是什么？"这个看似简单的问题，却成为人类不断追寻的问题。古往今来，无数思想圣贤都从不同角度言说了美的本质。例如，孔子说："里仁为美"；毕达哥拉斯说："美是数的和谐"；柏拉图说："美在理念"；黑格尔说："美是理性的感性显现"；车尔尼雪夫斯基说："美是生活"；现代的桑塔耶那说："美是客观化的快感"；克罗齐说："美就是表现"；等等。为回答"美是什么"这一问题，近代中国学界也先后形成了四种观点：主观派、客观派、主客观统一派、客观社会派。他们或从哲学角度，或从艺术角度，或从伦理角度；或用思辨方法，或用实证方法，或用语义分析方法，都在试图揭开这个谜底。但由于"美"的多义性、游移性、模糊性和差异性，迄今为止，仍不能得出公认的论断，许多美学家对此发出了无奈的叹息。例如，18世纪的文克尔曼说："美是自然的一种最伟大的秘密"；19世纪的哈比吕认为，探索美的本质是一项"困难和难以接受的任务"；当代的比特则说："美是一项最难以捉摸的特质"；现代分析美学更是不耐烦地宣称："美的本质是一个假问题"。

难道美的本质真的不存在了？如果真是那样的话，为什么人们总是可以感受到在审美中共同和永恒的东西呢？如果真是那样的话，人们的审美追求还有什么意义呢？看来，美的本质是无法以正名的形式来获取的，它只能是在具体的时代、具体的文化中，以具体的方式逐渐显现出来。由此，美成了人类永恒的追求。而且，人们在不同时代对美的不同方式的言说和解读的追寻过程，其意义就远远超过了答案本身。

从美的产生和发展历程上看，美作为一种价值，一种社会现象，离开人类社会就无美可言。所以，美的本质更多地只能从其社会属性的角度去言说。马克思主义认为，生产劳动不仅创造了整个世界，创造了一切物质财富和精神财富，而且也创造了人，创造了美，创造了艺术。美是人类劳动实践的产物，伴随着人类劳动实践的产生而发展。美是人的本质力量的对象化。所谓"人的本质力量的对象化"，指人为了生产和发展，根据自己的需要，以自由自觉的实践活动去认识世界和改造世界，人自身的力量不断外化到对象，又不断从对象反馈回来，最终在对象中凝结的过程。在整个过程中，对象留下了人的意志的印记，它体现了人的思想、情感、愿望，又体现了人的意志和智慧。由此，人的本质力量迸发了、显示了、实现了、确证了。这种凝结着人的意志与智慧的产品就像一面镜子，从中可以"直观自身"，并从这些可感的对象中，确证和实现自己，美和美感也由此得到确证和实现。正是从这个角度讲，美是人的本质力量的对象化。

二、形体之美

古今中外，女性在追求形体美的道路上向来多得不可计数。宋、元、明、清时期，中国有缠足陋习，"人生不幸作女子身，更不幸而为中国之女子！戕贼肢体，迫束筋骸，血肉淋漓……偶有水火盗贼之灾，则步履艰难，坐以待毙"。清末民初的思想家郑观应一语道出缠足对女性身心的双重折磨。19世纪的欧洲盛行束腰，紧身胸衣压迫肋骨，轻则造成呼吸困难，如有炽热的刀子插入两肋，重则使内脏受损，危及性命。21世纪的今天，抽脂失败导致皮肤下垂、肢体变形，削骨手术不当致死等整形失败的案例常见于报端。从缠足、束腰到抽脂、削骨，多少年过去了，愿意以健康为筹码，用运气下赌注，历尽千辛万苦只为追求"美"。科学家说，这是本能的冲动，是对繁殖机会的渴望；心理学家说，这源于人际交往中对得到他人关注与好感的需求；社会学家说，这是性别意识与社会分工对女性审美的影响……日渐深入的研究为人们的疯狂找到了解释，却对疯狂本身束手无策。谁让趋易避难是人的本性，而且现代科技恰好提供了方便快捷的问题解决方案呢？人们对形体美的认知是否随着技术的进步而更加深入了呢？在大众传播媒介的影响下，越来越多的女性，容易把形体美等同于"身材好"，甚至有人把形体美与"瘦"画等号，然而事实并非如此。一旦对形体美的追求与健康脱节，人们总要为自己的愚昧与盲目付出惨痛的代价。

人的形体美主要包括体态美、仪态美。二者既与先天遗传、年龄增长等自然规律有关，也受后天训练的影响。大量事实证明，与基因、时间等不可控因素相比，后天训练对人的形体产生的影响更为重要。一方面，"整形"和"形训"可以纠正不良的习惯姿态和动作，弥补、改善某些生理上的遗憾与不足。另一方面，在训练过程中，外在形体的趋美性会转化为人内心对美的深刻体验，给人带来自信；而植根于内心的美感又能反作用于人的形体，增加人的外在活力与魅力。在这个意义上，与其说外在美和内在美是相互转化的，不如说它们是相互激发的。

康德说："美是无利害的愉悦"，意思是美是一种不带功利性质的愉悦感受，人对美的追求事实上是对愉悦的追求。培根在《论美》中写道："形体之美胜于颜色之美"，因为前者体现了人的意志与主观努力，而后者仅仅是上天所赐。违背自然规律、借助外力而获得形体美往往以健康为代价，且囿于僵化标准的美总是千篇一律，外表的准确精致难掩内里的贫瘠单薄。相比之下，通过学习、训练所获得的形体美让人体魄强健、心灵愉悦，因强调内外兼修而更具深度和广度，因个体差异而更显得生动独特。

形体美是由内向外散发出来的美，真正的美乃肉体与精神美的结合，而精神之美则又包括了温柔、情爱、雅量、娴静、静养等因素。因此，形体美不但要展现体形美、姿态美和动作美，还要充分展现精神之美。形体美是外在美的一种重要的表现方式，它也是礼仪之美、形象之美的基础。

三、礼仪之美

中国是礼仪大国，素有"礼仪之邦"的美称。《春秋左传正义》云："中国有礼仪之大，故称夏；有服章之美，谓之华。"在古代，礼仪是用来祭祀天地、求神祈福的仪式，以维护封建统治秩序为目的，带着浓烈的封建色彩。随着社会不断的演化与发展，现代礼仪继承了古代礼仪的文明成果，重在追求人际交往过程中的和谐与顺利，更多地表现为高尚的道德情操、良好的文明素养等。在西方，"礼仪"一词由法语"Etiquette"演变而来，原义是写有法庭规则的法庭通行证。在英语中，"Etiquette"演变为"人际交往的通行证"，也就是我们所说的礼仪。可见，在很久以前人们就已经把礼仪作为人与人相处的必要模式了。

孔融四岁让梨，刘备三顾茅庐，程门立雪求学，曾子避席求教……古人恭而有礼的故事流芳百世，不可尽数。然而，随着时间的推移，礼仪却有被人们淡忘的趋势。无论是生活中还是工作中，因为失礼而酿成大祸的案例屡见不鲜。在震惊全国的马加爵杀人事件中，双方都因不懂交往礼仪而付出了沉重代价，同窗之间偶有冲突本是再正常不过的事，然而，冲突双方都没能保持克制，既没有礼貌地表达自己的感受，也没有理智地寻求解决问题的方法。恶语相向使矛盾激化，最终酿成恶果。在人际交往时，言行举止上的失礼哪怕再微小，也可能造成不可挽回的损失。

目前，大多数人对"礼仪"的概念仍然没有清晰的认知，不少人认为只有在面对特定的事物时或是在特定的环境中才需要讲究礼仪，这种观念亟待转变。事实上，礼仪无处不在。随着社会的不断发展和进步，各行各业对人才综合素质的要求越来越高：既要拥有过硬的专业知识与技能，也要懂得为人处世、待人接物的基本礼仪。新人入职，必须掌握一些基本的职场礼仪。职场礼仪如同战场，有些人工作几年，也未必了解职场礼仪的潜规则，一不留神就会踏入社交禁区。总之，作为人际关系的纽带，礼仪是办公室文化的体现，更是个人素质的展现。因此，在就业竞争日益激烈的背景下，学习礼仪的重要性不言而喻。中山大学原校长黄达人曾提出："礼仪文化是大学文化的重要组成部分"，他强调要重视礼仪制度的重建和规范，构建大学的礼仪文化。自2005年以来，中山大学每年都会举行学士学位的授予仪式，要求学生聆听孙中山先生1934年在学校第一次毕业典礼上的致训，这同样是出于加强大学生的礼仪教育、构建大学礼仪文化的考虑。

学习礼仪知识有助于学生的成长与成才。良好的礼仪修养对人们的工作也有着重要的辅助作用。礼仪能够使冲突各方保持冷静，缓解矛盾。如果每个人都能够自觉主动地遵守礼仪，按照礼仪规范约束自己，人与人之间就容易建立起相互尊重、彼此信任、友好合作的关系，进而有利于事业的发展。此外，作为礼仪之邦的一员，每一个人都有责任与义务学习礼仪，传承中华文明古国源远流长的文化精髓，建立自尊、增强自信、学会自爱，展现德才兼备的国家形象。

礼仪不但有助于提升个人形象，还是有文化、有道德的表现。孔子曰："不学礼，无以立。"作为修身之本，礼仪必须通过学习、培养和训练，才能成为人们的日常行为习惯，进而才可能内化成优雅的气质、高尚的情操。如果说良好的形体美能够使人的外表更加鲜活有气质，那么良好的礼仪则在讲礼、懂礼、知礼、行礼中塑造美好的个人形象，在美的世界里陶冶个人情操。

四、形象之美

个人形象，是指能够引起人的思想或情感活动的具体形态和精神风貌，是对人的内在美与外在美整体印象的概括。个人形象不仅仅是指一个人的相貌，也指一个人的言谈举止、穿着打扮等。只要与人交往，个人形象就必定会展现在他人眼中。当今社会，人们对个人形象的重视程度与日俱增。在重大盛典等正式场合，人们都会精心打扮，力求个人形象符合仪式要求，并最大限度地展示自己的美。例如，大学生在实习之前，几乎每个同学都会为衣服和妆容犯愁。从舒适、随性的校园环境步入快节奏、高强度的工作环境，同学们都希望自己能少些稚嫩，多些成熟、稳重，而又不至于太刻板、太老气。

大学生重视形象是好事，然而，由于缺乏必要的指导，容易陷入盲目模仿的误区：参加面试时画了舞会浓妆；选择紧身裤；觉得"贵的就是好的"，因此斥巨资购置职业装……这些失误都可以通过学习形象塑造而避免。

形象塑造教育不但是大学生职业发展的基石，也是促使大学生了解自我的重要途径。苏格拉底用一句"认识你自己"向世人强调自我认识的重要性，而形象塑造恰恰是认识自己的最佳方法之一。形象塑造不是教人如何模仿他人之美，而是教人如何发现、放大、提升自己的美。通过学习形象塑造，任何人都能够在"美"的领域里找到自己的一席之地。时尚博主莉安德拉·梅丁的五官并不精致，但她结合自己的特点，通过混搭展现狂野的个性，最终站稳时尚圈。澳大利亚时尚博主Margaret Zhang身材矮小、皮肤黝黑，五官也不是大眼挺鼻樱桃嘴。貌不惊人的她凭借独特的时尚触觉和阳光自信的态度让人一眼记住了她，成为时尚界的宠儿。只要遵循形象塑造的基本法则，认识自我、掌握规律、扬长避短，每个人都能展现独一无二的美。从最开始对自己一无所知，到逐渐了解自己的五官、脸型、肤色、身材，再到认识自己的性格、气质和风格，进而思考自己希望以何种形象示人……大学生对自己外在和内在的认识都会随着形象塑造的完善而完善。

马克·吐温曾经说过："不修边幅的人在社会上是没有影响力的。"美国心理学家梅拉比安的实验结果显示，在整体印象的构成中，形象所占比例高达55%，这包括个人面貌、服装、体型、发色等，其次才为语气、手势、姿态等自我表达方式占38%，而一个人所说的话仅占7%。由此可见，形象决定了第一印象，而好的第一印象是成功的第一步。杨澜在留学期间曾经因为不注重个人形象而失去工作机会，她在回忆这段经历时发自内心地感叹："没有人有义务必须透过连你自己都毫不在意的邋遢外表去发现你优秀的内在。"尽管人人皆知不可"以貌取人"，但是在现实生活中，人们往往会通过以貌取人来降低选择的成本。作为人类欣赏彼此的永恒标准之一，形象与形体、礼仪一样，在个人发展中起着举足轻重的作用。

五、国家形象与大学生之美

国家形象是一个国家的内部和外部公众对其历史和现实的经济、政治、文化及其活动成果的综合印象和评价认知体系，是国家软实力的重要组成部分。习近平强调，要注重塑造我国的国家形象重点展示中国历史底蕴深厚、各民族多元一体、文化多样和谐的文明大国形象，政治清明、经济发展、文化繁荣、社会稳定、人民团结、山河秀美的东方大国形象，坚持和平发展、促进共同发展、维护国际公平正义、为人类作出贡献的负责任大国形象，对外更加开放、更加具有亲和力、充满希望、充满活力的社会主义大国形象。这四个方面的国家形象，维系起来的是一条纽带，就是文化形象。"各美其美，美人之美，美美与共，天下大同。"习近平文化形象蕴含着的深刻道理。习近平在向全国青联十二届全委会和全国学联二十六大发来的贺信中提出，当代中国青年要在感悟时代、紧跟时代中珍惜韶华，自觉按照党和人民的要求锤炼自己、提高自己，做到志存高远、德才并重、情理兼修、勇于开拓，在火热的青春中放飞人生梦想，在拼搏的青春中成就事业华章。习近平评价即将走进高校校园的青少年，他们朝气蓬勃、好学上进、视野宽广、开放自信，是可爱、可信、可为的一代。对当代高校学生，党和人民充分信任、寄予厚望。

大学生既是独立的个体，也是其所在院校、地区，乃至整个国家的代表。因此，大学生的穿着打扮、言谈举止不仅是个人文明的表现，还是社会文明的表现。以"内外兼修、德礼相济"的整体形象观为指导，从形体、礼仪、形象三方面塑造大学生之美，这不仅是大学生对国家和社会的责任，也是时代使命。美具有时代性，审美的标准必然受时代文化的影响。现代社会生活丰富多彩、节奏很快，所以积极向上、乐观坚强的时代主流精神成就了不同以往的现代美感。换言之，健康第一，美丽第二，健是美的物质基础，美是健的客观反映。新时代，大学生形象特征表现为聪慧、灵敏、勇于进取和成熟睿智、精明干练、富于开拓。大学生之美是内外美的统一，而心灵美是决定人美与不美的主要因素，心灵美表现在人的思想修养、道德修养、文化修养等方面。

2016年12月7日，习近平在全国高校思想政治工作会议上强调，"正确认识时代责任和历史使命，用中国梦激扬青春梦，为学生点亮理想的灯、照亮前行的路，激励学生自觉把个人的理想追求融入国家和民族的事业中，勇做走在时代前列的奋进者、开拓者；正确认识远大抱负和脚踏实地，珍惜韶华、脚踏实地，把远大抱负落实到实际行动中，让勤奋学习成为青春飞扬的动力，让增长本领成为青春搏击的能量。"

但见琢磨美玉成——形体塑造篇

　　形体训练的"整形"和"形训"可以调整和克服某些生理的遗憾和不足，改变某些不良的姿态和动作。形体塑造从下肢动作开绷直、上体动作提挺立延展，设计了把杆训练、形体地功训练、形体舞动训练三部分内容。通过学习，可以有效地帮助大学生建立正确的形体美感意识。

第一章　形体训练概述

第一节　形体训练的内容与特点

形体美是以人为审美对象，是以人体运动为主要表现手段。因此，形体美是人的本质力量在自身的直接展示，是人的本质力量在自身的直接确证和实现。具体而言，形体美就是人的身体曲线美，是指人的躯体线条结合人的情感和品质，通过形象、姿态诉诸欣赏者眼前的一种美。

形体美是由视觉器官所感知的空间性的美，其特点是边界线，线的运动可以构成具有广度和厚度的空间形体。点动成线，线动成面，面动成体。形体美有物的形体美与人的形体美之分，物的形体美乃纯属外表之美，而人的形体美则是外在与灵魂的契合。形体美是由内而外散发的美，真正的美乃肉体与精神美的结合，而精神美则又包括了温柔、情爱、雅量、娴静等因素。因此，形体美不但要展现体形美、姿态美和动作美，还要充分展现精神美。

在现实生活中，人无时无刻不感觉着自身形体的美，无时无刻不在创造着形体美。例如，人的衣着、妆容，艺术活动中的舞蹈、芭蕾、雕塑、绘画、影视，体育运动中的健与美的造型艺术，等等。

人体美有两层含义：一是作为自然人外在的形体美，二是作为社会人内在的心灵美，即"气质美"，亦可说是形象美。形体美可以说是外在美的一种重要的表现方式，它也是礼仪美、形象美的基础。

人的形体美，美在人的形体、形态、形象、行为、力量、心灵。这是人外在美和内在美的高度自然和谐的统一。

一、形体美的内容

形体美的内容可以分为体型美、姿态美和动作美三个方面。

体型美是一种自然美，比较集中地表现在比例均衡、对称、和谐等方面。女性以柔美秀美的曲线、精巧玲珑的造型为美，男性以粗犷强壮的体型、威严的气势为美。而体型匀称、协调、健美是排除群体差异后男女两性形体塑造的共同目标。

姿态是指一个人在静止或活动中所表现出来的身体姿势和举止神情。姿态美又是指人体在空间运动和变化的样式，姿态常常反映一个人的气质、风度和教养。"站如松，坐如钟，行如风，卧如弓"是古人提出的姿态范式。古时的君子尚有如此认识，何况如今？中国作为礼仪之邦，我们更要对姿态美予以高度重视。

动作美是指在运动中所体现的健康能力、器官系统机能、表现能力和精神风貌。

动作美不仅展现于各种体育运动，更体现于日常生活。

体型美、姿态美、动作美共同构成了形体美，它们之间互为因果，相辅相成。形体美既包含外在的躯体线条之美，也蕴含着内在的精神美；既是先天体态所呈现的自然美，也是通过后天训练而实现的创造美。形体美的训练从本质上讲就是一个创造美的过程：本书设计的形体训练以芭蕾、把杆等八大类基本动作为基础，侧重抓"整形"和"形训"。从塑造躯体线条的角度而言，把杆练习能够刺激臀大肌、股直肌等肌肉群，使腿部肌肉上收而提高重心，令臀部、腿部线条更加优美，也能让上体更加挺拔。长期坚持柔韧训练、舞蹈练习及坐立蹲行的训练，可以调整和克服某些生理的缺憾与不足，改变某些不良的姿态和动作，在日常生活中表现出良好的气质与修养，给人以朝气蓬勃、优雅大方、焕发青春、健康向上的感觉。

二、形体训练的特点

（一）高度的艺术性

形体训练不同于竞技体操、艺术体操、健美操、舞蹈的范畴，形体训练引入了被艺术化了的步态造型训练、坐姿训练、形体舞蹈等基本元素。从一个最简单的基本动作，到几个动作的连接，从一个组合到完整的成套动作的形成，都是同类动作的重复、发展、变化，在这些多样化的动作中，强调的不是"更快、更高、更远、更难"，而是体现形体运动的协调、编排的流畅、动作的舒缓优美，体现人体在姿态造型中的运动美，以及人体在运动中勾画出来的队形、路线变化而产生的艺术效果。形体训练内容不仅使练习者锻炼了身体、增强了体质，而且从中得到了"美"的享受，提高了艺术修养。因此，形体训练具有高度的艺术性。这也是形体运动不同于其他运动项目的特点，也是人们热爱形体运动投身于形体训练的原因之一。

（二）积极的娱乐性

形体训练是一项轻松、优美的体育运动。通过形体训练可以使练习者尤其是不喜欢从事体育活动的女同学，在悠扬的音乐伴奏下一起舞动，使练习者变得活跃、大方。在课下，她们依据教师传授的内容，努力完成老师布置的任务，认真地进行编排、创新。这不但有助于提升练习者的审美观，提高其辨别美丑的能力，还培养了相互合作、团结友爱的精神。

在形体训练过程中，还可以转移练习者的注意力，帮助其从烦恼的事情中转移出来，尽情享受肢体的艺术美感，陶醉于锻炼的乐趣中。在这种环境中可以使人忘掉压力，内心得到安宁，心情变得愉悦，人体达到最佳机能状态，从而焕发青春活力。因此，形体训练对于个人、家庭、社会都是好的选择。

（三）广泛的适应性

形体练习的形式多样，如芭蕾的把杆基本训练就可分为初级基本训练、中级提高训练、高级把杆训练，运动量可大可小、容易控制。形体训练对场地器材的要求也不高，坐姿练习，只需要椅子；步态练习，准备高跟鞋；有一面落地镜子和一台放音机就可以进行基本训练。因此，形体训练对于不同身体素质、不同运动技术水平、不同性别、不同年龄层次的人都适宜，不同人群都能找到适合自己的形体训练方式。例如，年龄大的人可选择低强度的有氧运动，达到锻炼身体、娱乐身心、保持健康的目的；而对具有较好身体素质、想进一步提升自己的年轻人来说，可选择难度较高、运动量较大的形体瑜伽、形体柔韧训练、部位分解练习。通过这些练习，不仅可以塑造形体，提高体质，而且可以满足对美的进一步的追求。因此，形体训练具有广泛适应性的特点。

（四）音乐的优美性

音乐是形体训练必不可少的元素，音乐充分体现形体动作的韵律和节奏。优美动听且与动作协调配合的乐曲，不仅能激发练习者的情绪，提高练习者的兴趣，最主要的是能使形体动作更富有感染力和表现力。同时，音乐还有助于练习者合理地掌握动作节奏和情感。例如，学习步态的时候，音乐不但表现了"节拍器"的特点，还能帮助练习者体会"力"和动作的神韵。

三、形体美的塑造与人体解剖结构

柔韧性练习一方面能增大身体各关节运动幅度，避免脂肪过多堆积在身体各部位，另一方面能改善肌肉的不协调感，降低肌肉的紧张度，纠正斜肩、驼背等不良姿势。柔韧训练能拉长韧带，增强肌肉弹性，扩大身体各关节运动幅度；使人体各部位、各关节从僵硬状态下解放出来，回归协调与本真，也避免了脂肪过量堆积在臀部、大腿等部位。

（一）柔韧训练与人体解剖结构

柔韧训练是形体训练的基础。在形体训练中，首先进行的是从脚背到踝关节、从下肢到髋关节、从腰椎到胸椎、从肩到颈椎的系统性柔韧训练。因为优美的姿势离不开动作的幅度和肢体多维的空间构图，好的柔韧性会使形体动作达到最完美的标准。艺术体操运动员、舞蹈演员的身体动作可以俯仰盘卷，做出各种高难度动作，如转体、跳跃、平衡等，动静结合，婀娜多姿，优美动人，这些动作的形成，都离不开柔韧基本功的训练。

人体软度是由人体各个关节的运动幅度决定的，影响关节（图1-1-1）的运动幅度有以下几个因素。

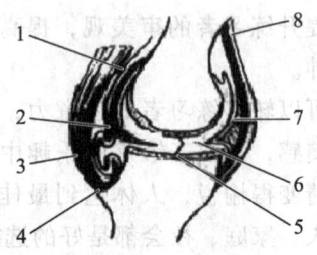

图1-1-1 典型关节

1：肌肉；2：半月板；3：肌腱；4：滑液囊；5：关节软骨；6：关节腔；7：滑膜皱襞；8：韧带

1. 骨的结构

构成关节的关节面之间的面积差比较大时，关节的灵活性就大；面积差小时，灵活性则小。如果髋臼长得靠内，那就影响髋关节的外开幅度。相反，髋关节外展幅度就相对较大。有的人天生就能很好地做到芭蕾五位脚位，但有的人必须通过长期训练才能做到。因此，在芭蕾舞者选材时，先天的开度和足弓的弯度显得非常重要。骨的构成多属先天性，在原来的基础上经常进行柔软性练习，骨的结构能有很大改善，并且可以极大地增加动作的延伸美感。

2. 关节囊和韧带

关节的运动幅度与关节周围关节囊的紧密程度、韧带的数量紧密相关。关节囊紧密且韧带数量多者，柔韧性差，稳定性强，控制能力较容易训练出来；反之关节囊薄而松，关节稳固性小却灵活性较大。

3. 肌肉和软组织

关节周围的肌肉和软组织的体积大者，柔韧性受限，反之柔韧性良好。

经常进行柔韧训练，可以拉长韧带，使僵硬紧绷的肌肉得到松弛；适当扩大各关节运动幅度，可以提高工作能力，减少运动伤害的发生；使人体各部位的关节从僵硬状态下解放出来；避免脂肪过量堆积在身体关节的附近；提高骨骼系统抗折断、抗弯曲、抗压性、抗扭转的性能；增强关节的韧性，提高关节的弹性和灵活性；预防和矫正不良姿势，如头部前倾、溜肩、高低肩和驼背等。

（二）形体的基本训练与人体解剖结构的契合

健美的体型和正确的身体姿态可以促进人体外形的完美，这在某种程度上反映了人体机能的完美程度，也反映了人体解剖结构与形体动作的契合关系。

在形体的基本动作练习中，外开性的练习有基本功练习和步态练习，是各种跳、转、平衡等姿态的基础。

下肢的"外开性"是建立在髋关节外旋（图1-1-2）基础上的，即脚背、踝部的中点，膝关节和髋关节的中心，从人体侧面观察整个下肢是连在一条直线上的。紧臀收腹可以使髋关节内侧向外侧打开（外翻大腿）。相反，膝关节和踝关节的轴线"不合槽"（图1-1-3），会对膝关节、踝关节造成许多疾患。外开性训练能使关节得到锻炼，使身体各部位从僵硬状态下解放出来，塑造更多的优美动作，并使肢体线条更加修长。

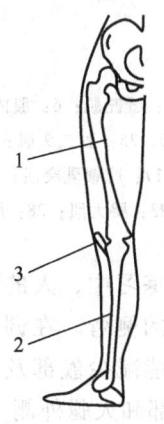
图 1-1-2 右侧下肢支撑正面观，一只脚正确"外开"

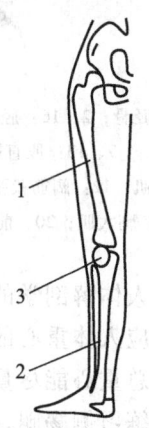
图 1-1-3 拧着膝关节，关节"不合槽"

1：股骨；2：胫骨；3：髌骨

踢腿动作是在擦地的基础上进一步围绕髋关节的一个动作，目的是锻炼腿部的力量和速度，增强髋关节的柔韧性和控制力，是形体训练中重要的训练内容。

前踢腿与人体解剖学的契合体现在：在前踢腿的练习中，支撑腿充分伸直，挺胸、收腹、提臀，并保持支撑腿的稳定。摆动腿向前踢起，踢前腿主要是屈髋关节的肌肉用力。因此，髂腰肌、股直肌、缝匠肌、阔筋膜张肌和耻骨肌同时得到了锻炼（图1-1-4）。

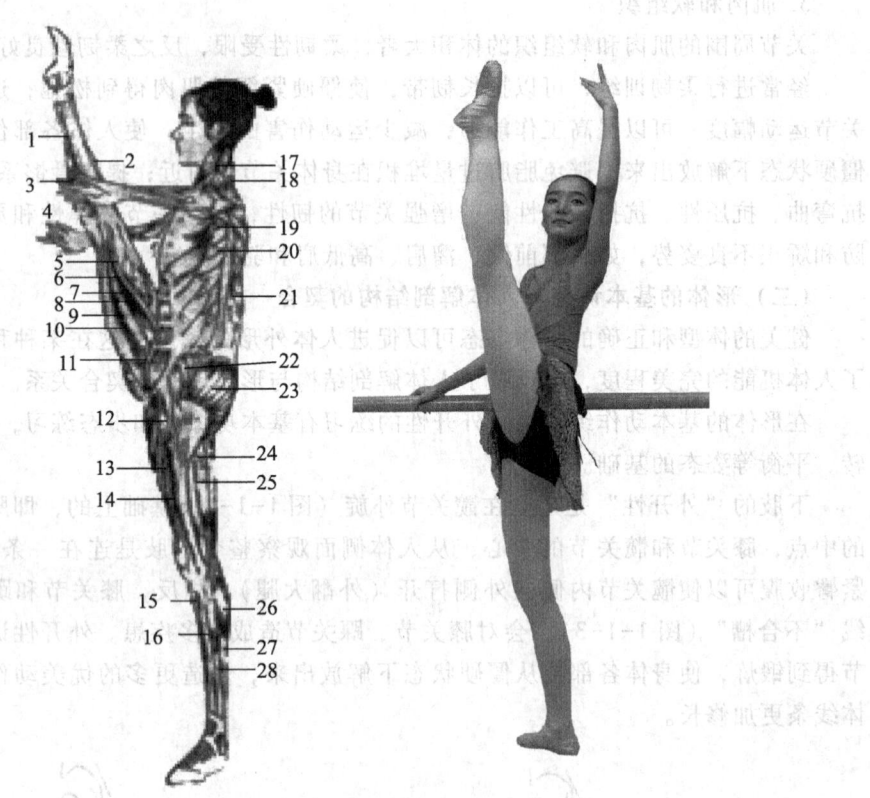

图 1-1-4　前踢腿

1：胫骨；2、16：胫骨前肌；3、4、26、27：腓肠肌；5：缝匠肌；6：股内侧肌；
7、13：股直肌；8：半膜肌；9、24：半腱肌；10、25：股二头肌；
11：腹直肌；12：阔筋膜张肌；14：股外侧肌；15：髌韧带；17：胸锁乳突肌；18：斜方肌；
19：胸大肌；20：前锯肌；21：背阔肌；22：臀中肌；23：臀大肌；28：腓骨肌

侧踢腿与人体解剖学的契合体现在：在侧踢腿的练习中，人的骨盆必然向对侧倾斜。为了适应人体重心的变化，需要调整脊柱腰段的侧弯。在调整脊柱侧弯的基础上，使人体总重心能尽量靠近该侧髋关节，这样，能减少髋部及其肌肉所要承受的负荷。经常练习侧踢腿，能避免脂肪过量堆积在臀部和大腿外侧（图1-1-5）。

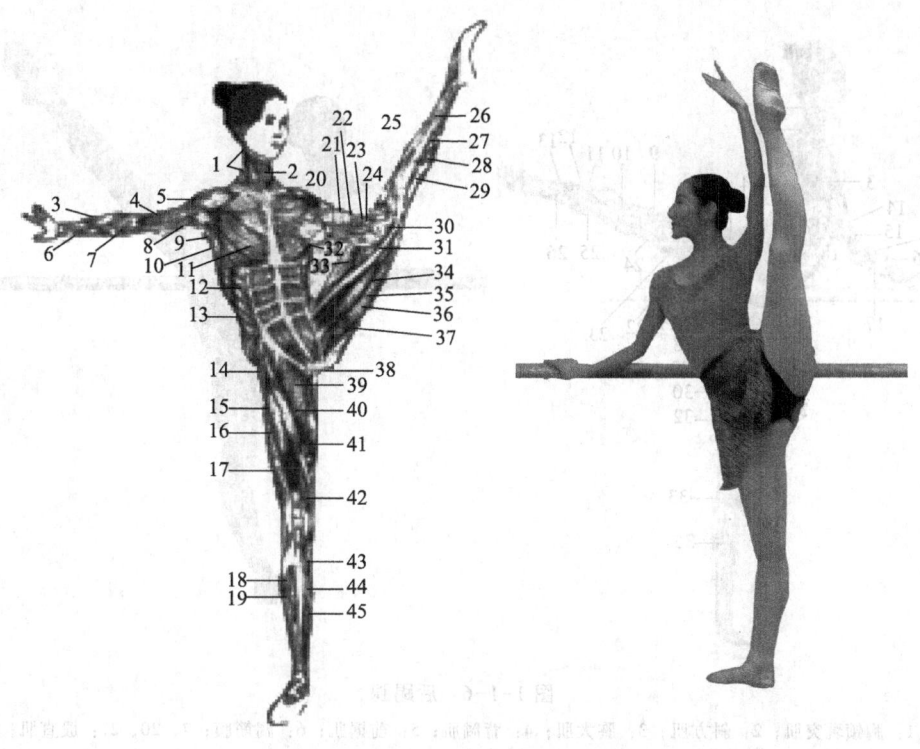

图 1-1-5 侧踢腿

1：斜方肌；2：胸锁乳突肌；3、20：桡侧伸腕肌；4：肱二头肌；5：三角肌；
6、32：肱桡肌；7、24：桡侧屈腕肌；8：肱三头肌；9：斜方肌；
10：背阔肌；11：胸大肌；12：腹外侧肌；13：腹直肌；
14：阔筋膜张肌；15、31：缝匠肌；16、33：股直肌；17：股外侧肌；
18：腓骨肌；19、25：颈腹前肌；21：伸指总肌；22：伸小指肌；
23：尺侧伸腕肌；26：跟腱；27、45：比目鱼肌；28：胫骨；
29、44：腓肠肌；30、42：股内侧肌；34、35、37、40、41：大腿内侧肌；
36：半膜肌；38：髂腰肌；39：耻骨肌；43：跖肌

　　后踢腿与人体解剖学的契合体现在：在后踢腿的练习中，上身保持正直，摆动腿向后方踢起。踢后腿是绕着髋关节转动使大腿做伸展运动。它能发展臀大肌、股二头肌、半膜肌、半腱肌和大收肌的力量，能拉长大腿后伸的髂股韧带。经常做这类动作，可以塑造臀部，减去臀部多余脂肪，提高臀位，美化臀部曲线（图1-1-6）。

　　经常进行竖叉练习，可增强前腿的屈大腿肌群的力量，即髂腰肌、股直肌、缝匠肌、阔筋膜张肌和耻骨肌；可增强后腿的大腿肌肉的力量，即臀大肌、股二头肌、半膜肌、半腱肌和大收肌。经常进行竖叉练习，还能拉长髂股韧带，增强肌肉弹性，扩大身体各关节运动幅度。

　　经常进行横叉练习，能提高大腿内侧肌群的伸展性，拉长大腿内收的坐骨囊韧带，使肢体更加修长，增强伸展美。

　　没有好的蹲就没有好的站，没有好的站就没有好的立，没有好的立就没有好的踢，没有好的踢就没有好的控，没有好的控就没有好的跳。如果没有按照正确的生理结构来进行形体训练，那么也就不能塑造出优美的体态和舞姿。

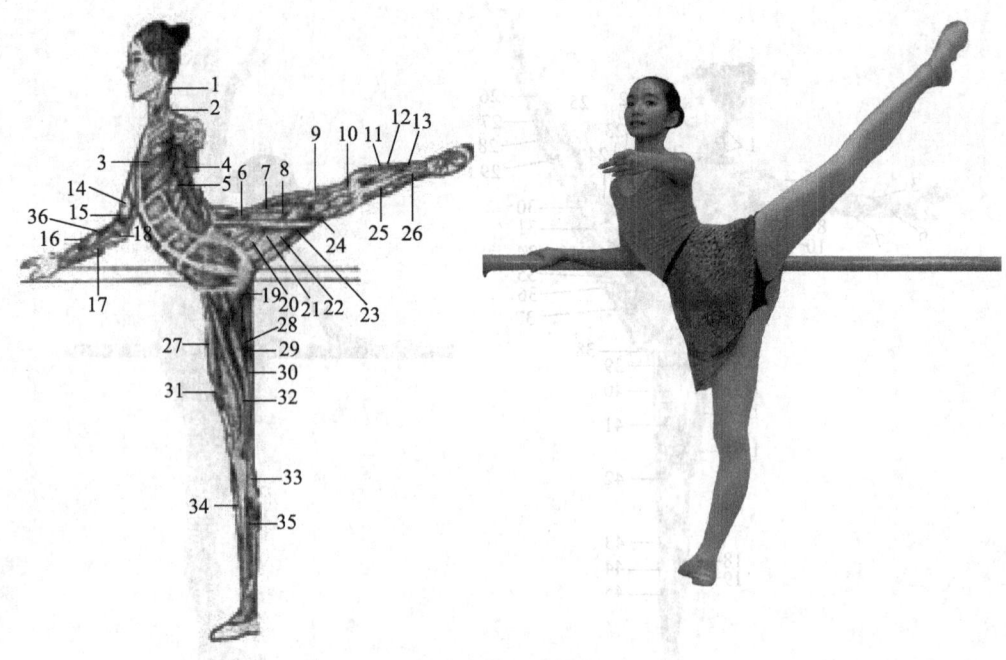

图 1-1-6 后踢腿

1：胸锁乳突肌；2：斜方肌；3：胸大肌；4：背阔肌；5：前锯肌；6：阔筋膜；7、20、27：股直肌；8、23、32：缝匠肌；9：股外侧肌；10：髌韧带；11、25、33：腓肠肌；12、34：比目鱼肌；13：腓骨；14：肱二头肌；15：肱三头肌；16：伸指总肌；17：肱桡肌；18：腹直肌；19、21：耻骨肌；22、28：长收肌；24、30：股内侧肌；26：伸趾长肌；29：半膜肌；31：股二头肌；33：胫骨；35：半膜肌

第二节　形体训练的功能

一、形体训练的生理保健功能

（一）促进与保持皮肤健康

皮肤光洁柔嫩、细腻红润，看上去就很健康。皮肤好是人体美的重要象征。良好的精神状态、营养补给与卫生习惯是保持皮肤健美不可或缺的条件，而长期进行形体训练更是促进皮肤健美的重要因素。

形体训练可以促进皮肤的血液循环，促使血管横断面积扩大，使血液加速流至肢体末端，增加皮肤毛细血管的血流量，使皮肤得到更多的营养，增强吸氧与排汗能力，促进皮肤的新陈代谢。另外，形体训练时血氧含量升高，全身细胞包括皮肤细胞都获得了更多的氧气和营养物质，有利于加快皮肤中胶原纤维合成速度，加大皮肤细胞的储水量，防止皮肤干而起皱，使皮肤显得水灵、饱满、细腻润泽。

（二）改善肌肉形状

改善肌肉线条是塑形美体的主要内容。

肌肉美主要表现为：肌肉富有弹性。女性乳房丰满，挺而轻度下垂，呈明显的女性曲线，腹扁平，腰细而有力，臀部不下垂；大腿肌肉线条柔和，皮下脂肪含量少，小腿长，双腿并拢时无屈曲感。男性胸部丰满，肌肉结实，线条清晰。

通过开、绷、直、提、挺、立系统的形体训练，充分调动大肌群、小肌群；通过远伸、舒展等动作展现身体的美感，提高神经系统对肌肉的控制力，使动作灵巧、敏捷。

（三）促进骨骼发育

骨骼是形体的支架，对形体美有至关重要的作用。骨骼的发育不仅影响身高与体型，而且也是肌肉发展的基础，是内脏器官发育的准备条件。

骨骼的发育，与先天遗传有关，与后天的劳动和体育锻炼也有关。经常参加形体训练，可以使管状骨增厚，骨结节与骨粗隆增大，骨小梁的排列也随之产生适应性变化，骨骼变得坚实且抗压性增强。在青少年时期，坚持练习一些跑跳动作还能刺激下肢管状骨两端的骺软骨，使骨细胞繁殖旺盛，促进骨增长，有助于身高增长。

脊柱是形体美的关键。挺拔的形体、优美的曲线，人体的各种基本姿态都以骨骼为基础。体育锻炼可促进脊柱、胸廓和骨盆等支持器官的发育，为塑造优美体型创造条件。

（四）促进与调节神经系统的发育

形体训练的动作具有连续、协调等特点，这种运动要求在规定时间内完成一定数量的动作。形体训练通常是在中枢神经系统的支配调节下进行的。当人体进行形体训练时，中枢神经系统将迅速调动各个器官的机能，使之协调配合骨骼和肌肉的工作。形体训练能够提高大脑皮层的灵活性、均衡性及综合分析能力等。经常参加形体训练，可以使神经的调节能力得到显著提高，使人充满活力，精力旺盛。

（五）促进与强化心血管系统功能

经常参加形体训练的人，心肌常处在激烈的收缩状态，使得肌纤维逐渐增粗，心房及心室壁增厚，心脏体积增大，血容量增多（血容量由一般人的 700 g 左右，增加到 1 000 g 左右），心率可降低到每分钟 60 次左右（安静状态），每搏输出量可达 100 mL 左右，大大减轻了心脏的工作负荷。经常参加形体训练，能消耗血管壁周围多余的脂肪，使血管壁富有弹性，口径增大，血流量增加，使心脏得到充分的氧气和营养物质，进而提高心血管系统的功能。

（六）康复保健功能

低强度的运动量，优美轻盈的身体动作，柔韧舒展的动作，均匀、自然的呼吸，经常进行这样的训练，可以达到内外兼顾、疏通经络、增强体质、祛病延年的作用。

形体训练，可以作为一种医疗保健手段帮助相关人群治疗与康复。例如，膝关节或腰部有问题的人，可做地面形体训练或水中形体训练，在保持上体正常功能的情况下，促进下肢功能的恢复。总之，只要控制好训练的内容和负荷，形体训练就能达到康复保健的目的。需要注意的是，康复训练需要在专业的保健人员的陪护下进行。

二、形体训练的心理学功能

（一）控制和调节情感

形体训练可以调节人的情感，因为它是在音乐伴奏下，将各种身体动作有机地组织起来，按一定节奏进行练习。音乐的风格和节奏是多种多样的，不同风格的音乐和节奏表达不同的内在感情，让人产生欢快、兴奋、激动等情绪。在伴奏下进行形体训练，可以陶冶和净化人的心灵和情操，满足现实生活中得不到的成就需要和尊重需要，调节、放松学习、工作和生活所带来的紧张、焦虑、烦恼、疲劳等不良情绪，提高人的心理健康水平，减轻心理压力，促进身心健康发展。

坚持形体训练，还能提高内分泌系统的控制调节能力。内分泌系统的分泌物是调节情绪的因素，脑垂体、肾上腺素和自主神经系统直接参与情绪活动。情感体验伴随着由自主神经系统控制的内脏器官的变化。

（二）增强自信心

形体训练是一项自我展示美的过程，这对不善于表现自己、性格内向的练习者来说是一种挑战。在刚开始进行形体练习时，有的练习者往后躲，不敢放开做动作，究其原因是担心动作做得难看，或不自信，不敢或不好意思做动作。针对这些问题，教师在训练中不断地引导、鼓励和赞扬，帮助练习者消除这些不良心理，帮助他们增强对自我的肯定和自信心。通过单个动作练习、放慢动作节奏，逐渐过渡到完整动作练习、成套动作练习，再进行表演，使练习者勇敢地面对自己并展示优美的动作。练习者慢慢地适应了用肢体远端的运动轨迹来表现美，用心感受美的同时，也培养了表现力，消除自卑感，建立自信心，从而认识自我、表现自我、塑造自我，并从中获得成功感和满足感。

形体训练是人体自然动作的美化和提炼，是以体现美为本质的体育项目。经常进行形体训练，不仅能增强体质，提高身心健康水平，而且能塑造美的形体，是使形体美接近理想标准的基本手段。形体训练的基本动作要求抬头、挺胸、收腹、立腰、紧臀。通过反复练习这些动作，形成动力定型，使练习者在坐、立、站、行中保持这种优美姿态，从而表现出个性的挺拔美、女性美和气质美。

形体训练中针对各部位的训练，可以使身体各部位变得匀称，还能弥补形体的缺陷，形成优美的姿态，给人以青春或高雅的感觉。尤其是柔韧性训练不仅能使韧带拉长，增强肌肉弹性，增大身体各关节运动幅度，还能使各部位、各关节从自然、僵硬状态下解放出来，减少脂肪过量堆积在臀部、大腿等部位。

现代大学生具有同时代特征相应的审美观，尤其是女大学生也追求体育项目中展示的艺术美。虽然大学生基本发育已完成，但身体机能仍存在塑造空间。她们不仅渴望拥有匀称、优美的形体，而且对心灵、气质、才学等内在美的要求更高。大学生在掌握正确的"塑形"观念和"塑形"方法的同时，通过坚持不懈的形体训练达到身心调和统一。

课后练习题

1. 请说说形体训练的好处。
2. 你认为在形体训练中需要注意什么？

第二章　科学的形体塑造

第一节　形体测量与评价方法

形体美在很大程度上取决于身体各部位之间的比例，也就是常说的视觉上的匀称和协调。运用测量仪器测量人体各部位，了解身体各部位长度、围度等，依此可以初步判断人体的发育状况，找出形体上的差距，确定训练内容和"扬长避短"的着装方法，充分展现个人的优势和闪光点。

一、形体测量的内容

（一）测量原则

1. 测量时应固定测试地点，光线要充足，温度不低于 20 ℃。
2. 应于落地大镜子前测量，并且有符合相关要求的测量仪器。
3. 测量时应着轻便、贴身的短装练功衣。
4. 在坚持练习后每月或隔月测量一次。
5. 除测量头部及坐高采取坐姿外，其他一律采取直立姿势，并注意保持耳眼水平。
6. 以下情况不宜进行测试：生病或自我感觉不好；生病后的恢复期；训练后尤其是大运动后；女生月经期。

（二）测量仪器

测量形体的主要仪器有身高体重测量仪（图 2-1-1）、软皮尺（图 2-1-2）等。

图 2-1-1　身高体重测量仪

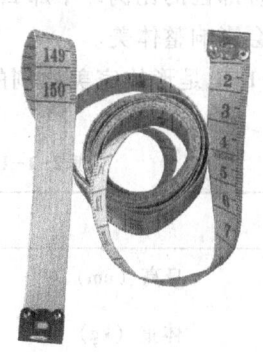

图 2-1-2　软皮尺

（三）测量指标

1. 体重

体重是描述人体横向发育的指标，是反映骨骼、肌肉、皮下脂肪和内脏器官综合发育状况的重要指标。测量时，脱鞋，身体直立，保持平稳。体重在一天内会受到饮食和运动排汗量等影响，建议在上午 10 点测量体重。

2. 身高

身高是人体生长发育过程中反映人体骨骼发育的指标，是身体纵向发育水平的重要指标。测量时采取自然姿势站立，两臂自然下垂，两脚并拢，后背挺直，头正颈直。在清晨或上午测量身高为宜。

3. 长度指标

（1）腿长：指臀折线（即臀部与大腿后侧相交线）到地面的长度。

（2）上肢长：指手臂自然下垂时肩峰点至中指尖之间的直线距离。

4. 围度指标

（1）手腕：指腕骨最细的位置绕行一周的围长。

（2）踝关节：指脚踝最细的部位绕行一周的围长。

（3）臂围：指上肢最粗部位的围长。

（4）胸围：指肩胛骨下沿 2~3 厘米位置与前面紧贴乳头相连绕行一周的围长。

（5）胸下围：指肩胛骨下沿 3~4 厘米位置与前面紧贴乳房下弧形线的围长。

（6）腰围：指肋骨与髂嵴之间腰部最细处的围长。测量时要求两脚并拢，上身挺直。

（7）臀围：指臀部最突出的部位水平一周的围长，以皮尺围臀，皮尺与地面平行。测量时要求两脚并拢，上身挺直。

（8）大腿围：指臀纹线最低点水平一周的围长。测量时两腿分开，与肩同宽。

（9）小腿围：指腓肠肌最粗部位水平一周的围长。

二、形体参考指标

人的长度指标一旦发育完成便很难改变，但围度指标和厚度指标是可以改变的，也就是说胖瘦是可以控制的。在现实生活中，有些女性总体上符合标准体重，可形态及身体各部位的比例却不那么理想，如腰粗、腿粗、乳房发育不良、臀部过于突出等，都会影响整体美。

表 2-1-1 是形体完美比例的围度计算方法，表 2-1-2 为女子形体标准尺度参考表。

表 2-1-1　形体完美比例的围度计算方法

	完美比例指数
身高（cm）	8 头身
体重（kg）	身高 -112
胸围（cm）	身高 ×0.515

续表

	完美比例指数
胸下围（cm）	身高×0.432
腰围（cm）	身高×0.370
腹围（cm）	身高×0.457
臀围（cm）	身高×0.542
大腿围（cm）	身高×0.305

表 2-1-2　女子形体标准尺度参考表

身高（m）	胸围（cm）	腰围（cm）	臀围（cm）	大腿围（cm）	上臂围（cm）
1.52	76	58	86	43	23
1.55	80	60	88	44	23
1.57	81	61	89	46	23
1.60	83	62	90	47	23.5
1.62	85	63.5	91	48	24
1.65	86	64	93	49	25
1.70	89	67	95	50.7	25
1.72	90	69	97	50.8	25
1.75	91	70	98	51.4	26
1.80	93	71	99	51.4	26

体重反映骨骼、肌肉、脂肪等综合变化的状况，身高主要反映骨骼的生长发育情况，而胸围则反映胸廓的大小及胸部肌肉的发育状况。因此，身高、体重、胸围被列为反映人体形体变化的三项基本指标。

身高和体重的对应关系，不仅反映人的形体美的程度，同时也能反映人的健康程度。苏联契尔诺鲁兹基教授把体型分成单薄型、标准型和超常型三类，并确立了女子身体和体重的对应关系（表 2-1-3）。

表 2-1-3　女子身高和体重的对应关系

身高（cm）	单薄型（kg）	标准型（kg）	超常型（kg）
155	50.35	54.2	58.1
156	54.7	54.0	58.5

续表

身高（cm）	单薄型（kg）	标准型（kg）	超常型（kg）
157	51.0	54.9	58.8
158	51.3	55.3	59.2
159	51.6	55.6	59.6
160	52.0	56.0	60.0
161	52.3	56.3	60.3
162	52.6	56.7	60.7
163	52.9	57.0	61.1
164	53.3	57.4	61.5
165	53.6	57.0	61.8
166	53.9	58.1	62.2
167	54.2	58.4	62.6
168	54.6	58.8	63.0
169	54.9	59.4	63.3
170	55.2	59.5	63.7
171	55.5	59.8	64.1
172	55.9	60.2	64.5
173	56.2	60.5	64.8
174	56.5	60.9	65.2
175	56.8	61.2	65.6

第二节 身体各部位塑形方法

一、肩胸腰练习

以下每个部位练习方法每次可任选2~3种，每种方法应重复10次以上。练习时需注意动作不可太快，但要保持动作应有的节奏，特别是还原动作，应使肌肉始终有抗阻力，动作结束前不能有丝毫放松。每天锻炼1~2次，每次练习15~30分钟。

1. 挺胸练习

站立,双臂抱于颈后,手、肘、臂在一平面上,挺胸、收腹、立腰、紧臀,眼睛平视正前方(图2-2-1)。

2. 站立练习

双臂贴住墙壁,抬头、挺胸、翘臀,用力向下压胸,向上翘臀部(图2-2-2)。

图2-2-1 挺胸练习

图2-2-2 站立练习

3. 桥练习

站立,双手扶住大腿后侧,向后弯腰;再慢慢做下腰支撑(图2-2-3)。

4. 肩部练习

双手抓住毛巾的两端,双手距离稍比肩宽,直臂举过头顶,慢慢绕至臀后(图2-2-4)。然后,再缓慢返回,每次应做到极限,不要屈臂。

图2-2-3 桥练习

图2-2-4 肩部练习

二、腰腹部练习

经常做腰腹部练习,可强健腰腹肌,使腹部线条平缓优美,腰部线条曲中有直。

1. 仰卧起坐练习

仰卧,屈膝并腿,双手抱头起,双肘触膝(图2-2-5)。

2. 仰卧举腿练习

全身仰卧,双手臂平放于地面,双腿并拢向

图2-2-5 仰卧起坐练习

第二章 科学的形体塑造

上抬起，绷脚，远伸，然后，两腿和上体同时慢慢抬起再还原（图2-2-6）。

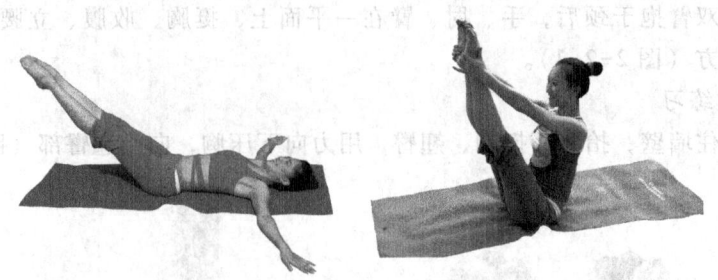

图 2-2-6　仰卧举腿练习

3. 仰卧摇摆练习

仰卧，双膝并拢，屈腿，大小腿约呈90°，上体尽量保持不动，双腿向左（右）摇摆，贴地（图2-2-7）。

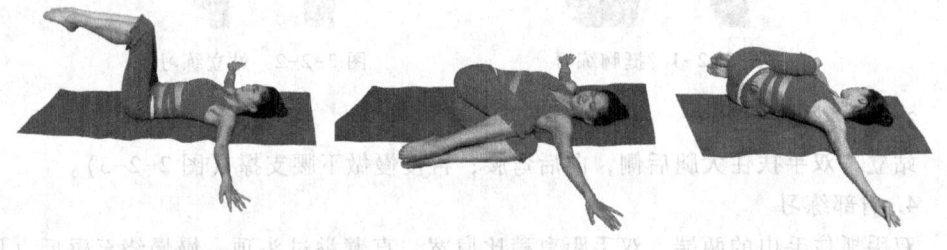

图 2-2-7　仰卧摇摆练习

三、臀部练习

1. 平板支撑后抬腿练习

双臂屈肘支撑于地面，小臂与肩平行，掌心向下。上体不动，右腿伸直尽量向后抬起，绷脚尖。然后，右腿落下还原，接着左腿后抬，还原（图2-2-8）。呼吸应自然，后抬腿越高，效果越好。

图 2-2-8　平板支撑后抬腿练习

2. 仰卧抬臀练习

仰卧，屈腿，手臂置于体侧。把臀部抬至最高限度，控制姿态后，起脚后跟控制3秒，还原（图2-2-9）。

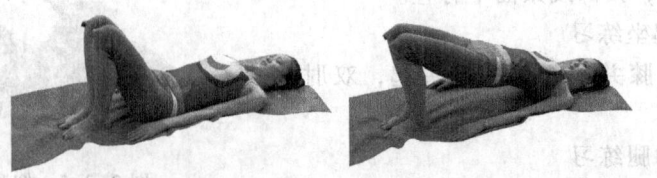

图 2-2-9　仰卧抬臀练习

四、不同腿型的练习

在搭配衣服时，不好看的腿形会影响穿衣的效果和气质。正常的腿形整体较为笔直，肌肉比较匀称，在视觉上给人一种修长的美感。不正常的腿形根据弯曲的形状分为O型腿、X型腿、大腿粗和小腿粗。下面主要介绍改善O型腿、X型腿和大腿粗的练习方法。

（一）O型腿

O型腿在医学上称为膝内翻，是指在双腿并拢时，双膝之间存在明显的缝隙。O型腿主要是后天造成的，多数是由于骨盆不正，膝盖较松弛，施力较低或站姿不正确所致，如内八字、盘腿。

1. 站姿或坐姿练习

O型腿的人应改变两脚平行和两膝盖分散的松散式站姿，站立或坐立时要时时注意收紧膝盖（图2-2-10）。

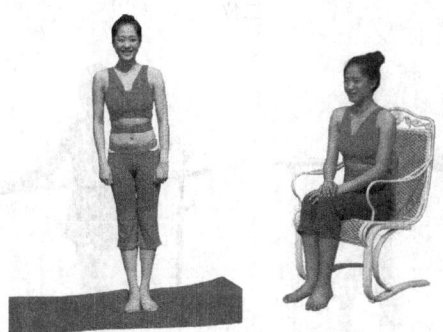

图2-2-10　站姿或坐姿练习

2. 膝盖的正确施力练习

仰卧平躺，双膝弯曲收至胸部，然后辅助者用力将练习者膝盖压向胸部，练习者再用力抵挡向相反的方向蹬伸（图2-2-11）。

3. 改进髋关节灵活性练习

仰卧平躺，两脚相对，膝盖朝外，辅助者压住练习者膝盖以上的部位，髋关节较柔软的人，膝盖可以接近地面（图2-2-12）。O型腿的人髋关节、膝关节弯曲的情形很多，此练习可以调正骨盆，扩大髋关节的活动范围。

图2-2-11　膝盖的正确施力练习　　图2-2-12　改进髋关节灵活性

4. 膝盖外开练习

芭蕾舞的脚站立练习共有五个,分别为一位、二位、三位、四位和五位(图 2-2-13),较适合 O 型腿的校正练习。站立时,要求直膝、紧臀、收腹、立腰。

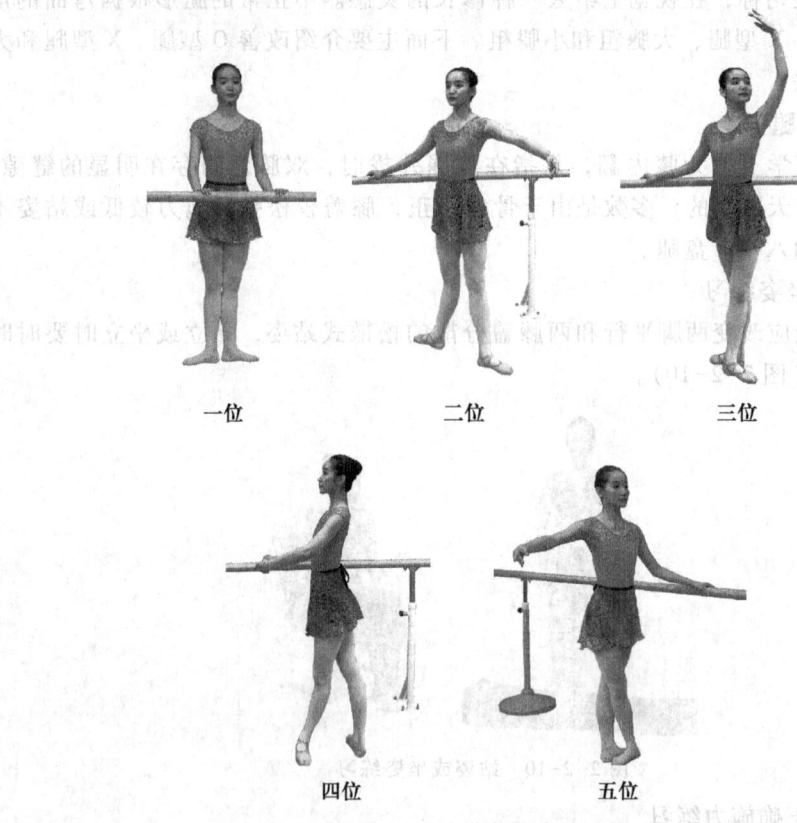

图 2-2-13　芭蕾舞的脚站立练习

5. 仰卧举腿—两腿交叉练习

仰卧平躺准备,双手置于两侧,双腿并拢,绷脚尖,双腿缓慢上抬至与地面垂直,两腿交叉运动(图 2-2-14)。此动作可增强腰部力量,增强膝盖力量。

图 2-2-14　仰卧举腿—两腿交叉练习

(二) X 型腿

X 型腿在医学上称为膝外翻,指双腿并立时,两侧膝关节能碰在一起,而双脚踝内侧却无法靠拢，俗称内八字。造成 X 型腿的原因有三个：一是小儿佝偻病，二是先天性遗传，三是软骨发育障碍或骨折等外伤引起的后遗症。

1. 站姿练习

站立时，膝盖、脚尖朝前，两脚尽量并拢（图 2-2-15）。

2. 盘腿练习

两腿盘坐，或仰卧，辅助者可施力协助完成（图 2-2-16）。此练习可以延伸膝盖外展范围，提高髋关节的柔韧性、灵活性，使膝盖以下部分内收。

图 2-2-15　站姿练习

 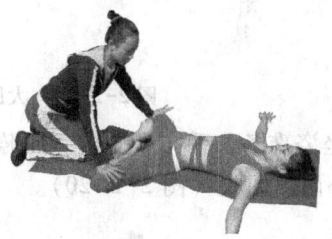

图 2-2-16　盘腿练习

3. 分膝腿练习

坐姿准备，一腿向外侧打开，一腿弯曲收至大腿内侧，向前趴（图 2-2-17）。辅助者可站在练习者后面压住其臀部。换腿练习另一侧。此动作可拉伸大腿两侧肌肉，提高髋部及膝关节的灵活性。

图 2-2-17　分膝腿练习

4. 膝盖夹球练习

膝盖夹球，也可绑住踝部，上下跳动（图 2-2-18）。此动作有助于膝关内收，增强腿部力量。

（三）大腿粗

腿的粗细主要是由腿部周围肌肉体积的大小和皮下脂肪的多少决定的。通过针对性练习，可以使肌纤维弹性变大，同时消耗皮下脂肪，使两腿变得修长。

大腿要从内侧肌群、外侧肌群、前侧肌群（股四头肌）和后侧肌群四个方面塑形。每个部位的练习次数和

图 2-2-18　膝盖夹球练习

组数相同。例如,大腿内侧和外侧各 3 组,每组 15 次;大腿前侧和后侧各 3 组,每组 15 次,这样才能使大腿的每个面都得到锻炼,从而塑造完美的大腿曲线。

1. 大腿内侧肌群雕塑练习

(1) 仰卧,大小腿夹角 90°,大腿与地面垂直,并尽量打开至体侧,再从外向内收回(图 2-2-19)。

图 2-2-19 大腿内侧肌群雕塑练习一

(2) 坐姿准备,手向后支撑。屈膝向后收腿,两腿向外打开,打开时两脚尖相对,再从外向内回收(图 2-2-20)。

图 2-2-20 大腿内侧肌群雕塑练习二

2. 大腿内侧肌群伸拉练习

(1) 如果地面上拉伸效果不明显,或者腿部的开度较好,可以选择把腿部架高,一腿架高,另一腿前收或伸直,向前趴,深度拉伸大腿内侧肌群(图 2-2-21)。

图 2-2-21 大腿内侧肌群伸拉练习一

（2）两腿均架高，向前趴（图2-2-22），这个动作可使大腿内侧肌群充分拉伸。练习此动作时必须循序渐进地进行，要防止拉伤。

图2-2-22 大腿内侧肌群伸拉练习二

3. 大腿外侧肌群雕塑练习

（1）侧卧，一手臂屈肘撑地，另一手手掌扶地，身体伸展。两腿并拢，绷脚尖，上面的腿慢慢地向上方抬起，腿保持伸直，再慢慢下落（图2-2-23）。动作过程是侧抬、伸直、下落。换一侧侧卧，练习另一条腿。

图2-2-23 大腿外侧肌群雕塑练习一

（2）坐撑或仰卧，两膝伸直，绷脚尖，两腿做分、并练习（图2-2-24）。

图2-2-24 大腿外侧肌群雕塑练习二

4. 大腿外侧肌群伸拉练习

（1）盘腿坐，右腿向前跨，右小腿置于臀部左侧，左小腿置于臀部右侧，向下压（图2-2-25）。

（2）盘腿坐，双手交叉相握，挺直于肩上，身体向上拔（图2-2-26）。
（3）盘腿坐，上体左右扭转（图2-2-27）。

图2-2-25　大腿外侧　　　图2-2-26　大腿外侧　　　图2-2-27　大腿外侧
肌群伸拉练习一　　　　　肌群伸拉练习二　　　　　肌群伸拉练习三

5. 大腿前侧肌群雕塑练习

（1）坐撑或仰卧，将下肢抬起（图2-2-28），双腿控制到离地面15厘米高度做上下交叉动作，也可以做蹬自行车动作。

图2-2-28　大腿前侧肌群雕塑练习一

（2）先分腿跪坐，再将上身慢慢平躺下来，双臂向侧伸展开（图2-2-29）。此动作看似简单，实际上不太容易做，练习者可两人一组，在相互帮助下，慢慢地体会拉伸大腿前侧肌群。

图2-2-29　大腿前侧肌群雕塑练习二

6. 大腿后侧肌群雕塑练习

（1）双手扶椅背或其他固定物，一腿向后上方踢（图2-2-30），尽自己最大幅度。完成一定次数后换腿练习。
（2）双腿前伸，膝盖伸直做体前屈，胸部尽量靠近膝盖，双手前伸抱脚（图2-2-31）。

图 2-2-30　大腿后侧肌群雕塑练习一

图 2-2-31　大腿后侧肌群雕塑练习二

第三节　科学饮食　健康控体

减肥瘦身并不仅仅是为了美丽，更是为了健康。在日常生活中，人常常会有导致肥胖的习惯。想要减肥成功，就要科学饮食、健康控体。坚持运动、保持良好的生活习惯和均衡的饮食是拥有完美身材的保证。因此，人要吃，但要科学地吃。饮食需要控制对热量的摄取，当摄取的热量多于身体活动所需时，多余的热量就会转变成脂肪而引起肥胖。

一、摄入适当的热量

每天需要的热量=基础代谢率（BMR）+活动量（L%）

女性基础代谢率=体重（kg）×2×11

男性基础代谢率=体重（kg）×2×12

轻微活动量=20%BMR

少量活动量=30%BMR

中等活动量=40%BMR

剧烈活动量=50%BMR

如果想维持目前的体重，每天每千克体重只要摄取 30~35 cal 的热量。如果每天多摄取 250 cal 的热量并且维持 1 个月，体重就会增长 1 kg。相反如果想减肥，那么摄入的热量必须低于需要的热量。如果想用 1 周的时间减重 1 kg，那么至少需要使热量减少 7 000 cal，即在不增加额外运动的情况下，每天摄入的热量大约减少 1 000 cal。大幅度地减少热量的摄取会使体内新陈代谢速度减慢。因此想要减肥瘦身，首先需要加快体内的新陈代谢。保持正常合理的饮食习惯和均衡的营养成分是减肥瘦身的先决条件。

每人每日平均所需热量见表 2-3-1。

表 2-3-1 每人每日平均所需热量

年龄	热量（cal）	
	男	女
10 岁	2 200	2 100
13 岁	2 700	2 400
16~18 岁	3 100	2 200
18~35 岁	2 800	2 000
35~55 岁	2 500	1 800
55~75 岁	2 100	1 500

进食时应选择高营养、低糖、低脂、低热量的食物（表 2-3-2）。成年女性每天需要摄入的热量在 2 000 cal 左右。如果控制饮食，把每天摄入的热量降至 1 400 cal，便能在 1 个月内约减重 3 kg。

了解食物所含的热量，有意识地减少摄取的热量尤为重要。但是千万不要走向极端，如花费大量时间计算每餐摄入的热量。

表 2-3-2 部分食物热量表

食物	分量	热量（cal）
白米饭	1 碗（205 g）	225
方便面	1 包（100 g）	466
面包	1 片（25 g）	70
全脂牛奶	1 杯（245 g）	150
脱脂牛奶	1 杯（245 g）	85
虾	100 g	93
杏仁	100 g	80
花生	100 g	583
全蛋	1 个（50 g）	80
蛋清	1 个（33 g）	15
猪油	15 mL	115
橄榄油	15 mL	120
花生油	15 mL	120
苹果	1 个（中）	55
西瓜	1 片（240 g）	40
可乐	1 罐（369 g）	145
苹果派	1 个	345

续表

食物	分量	热量（cal）
汉堡包	1个	255
吉士汉堡包	1个	305
巨无霸	1个	500
细薯条	1包	220
麦香鸡	1个	415
麦乐鸡	6块	352

二、减肥瘦身的五大秘笈

（一）运动

最理想的瘦身方式就是适当的运动加饮食，这是最科学有效的方法。运动能燃烧体内多余的脂肪。运动的形式多种多样，有慢跑、骑自行车、打球、爬山、爬楼梯、打拳、跳舞等。以参加形体训练为例，建议每周至少进行3次形体训练，每次运动时间45 min以上，内容有热身跑、柔韧练习（包括压、踢）、形体身韵、形体舞步等。在参加完任何形式的运动之后，一定要进行适当的放松练习，如压腿、踢腿、按摩，使运动后紧张的肌肉得到放松。

（二）运动前后的饮食

运动前3个小时内最好不要食用动物蛋白质，可以食用无糖的植物蛋白质，如蔬菜、水果、茶、咖啡、果汁。运动时可补充碳水化合物，其他食物尽量不要食用。训练后2小时内会感到轻微饥饿，不要立即进餐，可先吃些蔬菜和水果，再过1小时可以正常进餐。

（三）日常饮食

日常饮食尽量做到定时、定量，不要错过每一餐，否则在下一餐，脂肪纤维细胞将会储存更多脂肪；严格遵守并养成"早吃好、午吃饱、晚吃少"的饮食习惯，其中"晚吃少"是关键；还要少甜食，多素食，少零食，少辣味和少熏制的食品。营养结构合理，每餐不要太饱。进食速度要慢。

（四）晚上9时以后不进食，少喝水

这是保持曲线美的关键，有研究者认为：过于丰盛的晚餐和夜宵所产生的热量都是无法完全消耗的。根据人体的生物钟运行显示，在晚上9时后，人体各器官的活动基本处于微弱状态，那也正是积累脂肪的时刻。而晚餐需要5个小时才能完全消化掉，多余的热量，日积月累会造成皮下脂肪的堆积。

（五）生活规律

为预防肥胖，养成良好的生活规律是很有必要的。若睡眠过多，热量消耗少，也会造成肥胖。因此，人们应安排和调整好自己的睡眠时间，既要满足生理需要，又不能睡太多。

三、健康减肥，生命至上

健康减肥应该使生命更加光彩。如果没有健康的生命作基础，身材苗条也就失去了意义。然而有的人在减肥过程中往往存在错误心理，如急躁、激进、偏激、轻信等，舍本逐末，为了减肥放弃了许多更重要的东西。以下七种情况是减肥控体的人常走入的减肥误区。

（一）不吃早餐晚餐，只吃午餐。误以为不吃早餐、晚餐，就能减少热量的摄入，从而达到减肥的目的。殊不知这样会打乱人体生物规律，造成消化系统紊乱，对身体的伤害极大。

（二）极端节食。任何时候少吃都是减肥的必要前提，但是少吃不等于不吃。极端节食，会引起厌食症，对身体造成不可逆转的伤害，这也就失去了"减肥"的真正意义。

（三）不吃任何有营养的食物。与肉、蛋、鱼等食物绝缘，只吃水果和蔬菜等，这样会导致身体所必需的营养缺失和热量摄入不足，引起抵抗力下降。

（四）食谱固定。尽管每餐摄入量不少，但不变化食谱，久而久之会使身体缺少营养，如缺铁性贫血和缺碘性甲状腺肿大。

（五）以营养品代替天然食品。如一味服用营养品、维生素类药，而忽视了日常饮食。

（六）只有与脂肪食物"绝缘"，才能获得苗条的体型。其实，食用适量的脂肪食物不仅不会在体内转化为脂肪储存起来，而且脂肪的分解还能在一定程度上抑制脂肪在体内合成。

（七）药物减肥。有的人通过喝减肥茶、吃减肥药来减肥，这可以使身体苗条，但是一旦停止用药，反弹更快，而且，药物的摄入，也会对身体造成损害。

生命在于运动。积极、合理的运动，让人健康，让人美丽，让人苗条。

由于每个人的形体状态不相同，通过形体训练进行减肥控体时，应根据个人的实际情况，科学地制订训练计划，才能取得良好的效果。减肥控体需要循序渐进。形体塑造有一个变化的过程，所以训练负荷的安排要由易到难、由简到繁、由小到大，不施加过高而无序的运动量。减肥控体需持续，不间断。形体塑造，不是一朝一夕之事，也不是一劳永逸之功，而是需要长时间的练习，需要坚持不懈。

四、树立合理的形体训练目标

（一）你心中理想的体形

一千个人眼中有一千个哈姆雷特，每个人心目中的理想体形也不一样。树立切实可行的形体训练目标，激发自己坚持减肥控体计划，使之成为减肥控体的动力和活力。

（二）你认为理想的健康状态是什么样

健康的人看起来面色红润，精力充沛；健康不仅是指生理健康，而且也指心理健康；健康的人拥有强健的体魄和平和的心态。那么你认为健康状态是什么样？需要怎么做才能达到理想中的健康状态？

(三) 为什么想要实现这些目标

凡事预则立，不预则废。在制订形体训练计划之前，首先要了解自己为什么要进行形体训练？把进行形体训练的原因写下来，以更了解自己内心真实的想法，才能制订出切实可行、合理的形体训练目标。

课后练习题

1. 请谈一谈你为什么要进行形体塑造。
2. 如何科学地进行形体塑造？

第三章　形体基本训练

第一节　形体美基本训练

一、站立姿态的基本练习

人的仪态美是可以通过优美姿态来体现的，而优美姿态又是在正确的站姿基础上发展出来的。站姿是人们交往中一种最基本的举止，是静力造型的动作。立姿是优雅举止的起点。良好的站立姿态，表现为头部立直，两眼平视前方，梗颈，肩部放松，挺胸，收腹，收臀，膝关节伸直。因此，站姿与立姿作为动态美的基础和起点，应该得到重视，并开展有效的训练。

（一）站姿

正确的站姿是以后背为标准，脚后跟、尾椎、肩胛骨、后脑勺连成一条与地面垂直的直线（图3-1-1），这样的站立才会给人以挺拔之美。

站立时，要收腹立腰，肩下沉，臀部收紧；梗颈时，颈部要贯力，颈椎略向后收，眼睛平视。

（二）立姿

做立姿时，脚后跟尽量提高，膝关节伸直，重心要稳，身体不能前后晃动，梗颈，收腹，立腰（图3-1-2）。

图3-1-1　站姿　　　　　图3-1-2　立姿

观看手位
视频

二、手位

在做芭蕾七个基本手位练习时，要始终保持立腰，收腹，沉肩，梗颈，眼随手动，手臂始终保持弧形，姿势要到位准确。

1. 一位

两手臂于腹前成弧形,掌心向内,指尖相对(图3-1-3)。

2. 二位

两臂前举,手臂成弧形,掌心向内,指尖相对(图3-1-4)。

3. 三位

两臂上举至头前上方,两臂保持成弧形,掌心向下,指尖相对(图3-1-5)。

4. 四位

两臂成弧形,左臂保持三位位置,掌心向下,右臂至二位位置,掌心向内(图3-1-6)。

图3-1-3 一位　　　图3-1-4 二位　　　图3-1-5 三位　　　图3-1-6 四位

5. 五位

左臂保持在三位位置,掌心向下,右手臂弧形侧举,掌心向内(图3-1-7)。

6. 六位

右臂侧平举位置,手臂弧形,掌心向内,左臂至二位位置(图3-1-8)。

7. 七位

两臂成弧形侧举,掌心向前(图3-1-9)。

图3-1-7 五位　　　图3-1-8 六位　　　图3-1-9 七位

第二节　把杆训练

形体基本功训练的重点在于各个关节的开、挺、直、含、紧、松等,把杆练习是最有效果的基本功训练内容。芭蕾把杆训练的特点是既对身体各部分分门别类地进行专门训练，又能进行协调、综合的训练。在许多分类训练中，又以腿的训练最为重要。因为腿部肌肉占身体的比例很大，其中股四头肌是全身最大的肌肉，它是维持人体站立、行走、跑跳最重要、最有力的肌肉，也是控制伸小腿的唯一肌肉。当作为主力腿时，脚趾、脚掌、脚跟要用力扒紧地面，股四头肌要用力拉引膝盖，髂骨向上收紧；作为动力腿时，膝盖用力绷直，收紧股四头肌。把杆训练时腿部运动量相对较大，其次是腰部。开、绷、直为芭蕾把杆训练的三大目的，它们具有收缩肌纤维的功能，训练后肌肉更加修长，在动静结合的运动中能有效地改善腿部肌肉下垂、多余脂肪堆积等问题。

一、扶把的方法

1. 双手扶把

面向把杆，身体距把杆约一个前臂的距离，双手扶在把杆上，肩、肘、腕下沉，收腹立腰，平视前方（图 3-2-1）。

2. 单手扶把

侧向把杆，内侧手扶把，外侧手臂置于一位，随音乐起至二位，收腹立腰，平视前方（图 3-2-2）。

3. 扶把起踵站立控制练习

起踵立尽量要高，重心要稳，身体不得晃动（图 3-2-3）。

图 3-2-1　双手扶把　　　　图 3-2-2　单手扶把　　　　图 3-2-3　扶把起踵站立

二、脚位

观看脚位视频

脚位有一位、二位、三位、四位、五位。在做脚位练习时，可单手扶把或扶椅子。

1. 一位

脚跟并拢，两脚尖向外打开 90°成一字形（图 3-2-4）。

2. 二位

在一位脚的基础上，一脚向侧移出，两脚保持一条直线，两脚脚跟间距一脚长（图 3-2-5）。

3. 三位

两脚外开，一脚跟紧贴另一脚内侧中间（图 3-2-6）。

图 3-2-4 一位　　　　图 3-2-5 二位　　　　图 3-2-6 三位

4. 四位

一脚平行于另一脚前，前后脚间隔一脚的距离，两脚外开，一脚脚跟与另一脚脚尖前后成一条直线（图 3-2-7）。

5. 五位

两脚外开，平行相叠，一脚跟紧贴另一脚脚尖（图 3-2-8）。

图 3-2-7 四位　　　　　　图 3-2-8 五位

三、把杆基本练习

单手扶把杆，远离把杆的腿，或做各种打开又恢复原位的动作为动力腿。靠近把杆的腿，或支撑身体重心的腿为主力腿。

这部分内容包括了芭蕾把杆训练的蹲、擦地、小踢腿、地面划圈、大踢腿、腰腹背部练习等。

（一）蹲

法文 plie 的音译。蹲是跳跃和落地的常用动作。正确的蹲，能产生一种反推力和控制力，使跳跃既高又稳；还能训练腿的外开度，拉长大腿肌肉和小腿肌肉，保持躯干的稳定；还能训练股四头肌、三头肌、臀大肌、大腿内侧肌群，以及下肢肌群。蹲分为半蹲和全蹲。

1. 半蹲

法文 demi plie 的音译。芭蕾形体的半蹲有一位半蹲、二位半蹲和五位半蹲（图

观看蹲视频

3-2-9②~④)。

(1) 预备姿势：一位脚准备，双腿并拢，一手扶杆，另一手向侧打开（图 3-2-9①)。

(2) 动作要点：

① 两脚全脚着地，蹲下和起立时须保持对抗性。

② 蹲或起时，动作要连贯、匀速、有控制。

③ 髋、膝、踝外开，上体正直，重心始终保持在两腿之间。

④ 均匀下蹲，两膝保持外开，脚跟不离地，随后以脚和膝盖的力量将身体均匀推起，恢复直立。

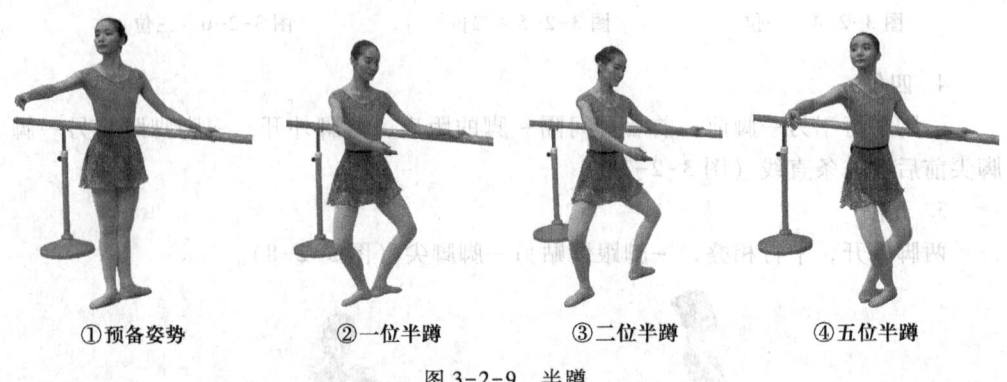

①预备姿势　　②一位半蹲　　③二位半蹲　　④五位半蹲

图 3-2-9　半蹲

(3) 练习要求：

① 做半蹲的时候，双腿的标准外开度是180°，脚尖、膝盖、髋、肩在一个平面上。由于每个人的柔韧度、外开度等不同，在练习中要根据个人的具体条件，在不影响身体垂直与保持脚正确站立的前提下，做到双腿最大程度的外开。

② 在动作过程中下蹲和伸直腿的速度要平均，身体平稳，后背垂直，脚掌平铺地面，不要向前或向后倒脚。其中二位半蹲下蹲的幅度是膝盖和脚尖成上下垂直线。半蹲时，脚跟不离开地面。

③ 做蹲的时候，要注意呼吸，把握好了呼吸，动作才会更加流畅、舒展。一般来说蹲开始之前先吸气，在下蹲的过程中缓慢地呼气，随着腿部的逐渐伸直再吸气。

2. 全蹲

法文 grand plie 的音译。全蹲与半蹲的练习意义相同，而且全蹲是半蹲的延续和发展。芭蕾形体的全蹲有一位全蹲、二位全蹲和五位全蹲（图 3-2-10②~④)。

(1) 预备姿势：与半蹲预备姿势相同（图 3-2-10①)。

(2) 动作要点：当下蹲至最大限度时，脚跟缓慢地略略抬起，继续下蹲，随着脚跟徐徐着地，同时将身体缓缓推起，恢复直立。

(3) 练习要求：全蹲的练习要求基本同半蹲，在双腿蹲至最深处时，脚跟不要主动推起。

①预备姿势　　②一位全蹲　　③二位全蹲　　④五位全蹲

图 3-2-10　全蹲

（二）擦地

擦地是芭蕾基训中所有动作训练的基础与延伸，学习并掌握正确、规范的擦地动作，可以为其他动作的学习打下良好的基础。擦地主要训练脚趾、脚掌、脚弓、脚踝、跟腱等部位；训练相关关节及相关韧带、肌肉等；锻炼人体垂直站立时的稳定能力以及后背的控制能力等；训练腿部肌肉群的延伸性、腿部的外开度。

（1）预备姿势：一位脚或五位脚准备（图3-2-11①）。

（2）动作过程：在做擦地动作过程中人体垂直站立，身体的重量平均分配在双脚上，当动力腿向外擦出时，身体的重心微微移至主力腿。动力腿伸直，保持外开的状态，脚掌紧贴地面向外擦出，脚跟先离开地面，然后脚弓、脚掌依次离开地面，最后脚尖点地。脚尖向外擦出的距离是在两胯保持稳定、水平、不移动位置的情况下脚尖所能达到的最远点。动力腿向主力腿收回的路线与过程按照动力腿擦出时各部位的运动顺序依次反过来进行，动力腿收回至动作开始之前的位置。

① 前擦地：脚跟先行，将脚尖留住，保持脚与腿部的外开状态，擦出至正前方的最远点，这时动力腿脚尖与主力腿脚跟最外侧呈垂直线；收回时脚尖先行，脚跟留住，将脚收回至动作初始位置（图3-2-11②）。

② 侧擦地：脚跟向前顶，保持脚与腿部的外开，擦出至正旁的最远点，这时动力腿脚尖和主力腿脚跟在平行的"一字"线上，再按原路线将脚收回至动作初始位置（图3-2-11③）。

观看擦地视频

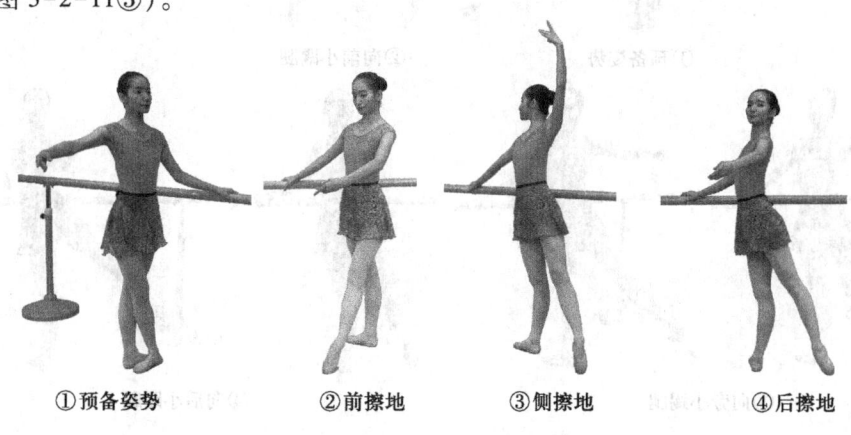

①预备姿势　　②前擦地　　③侧擦地　　④后擦地

图 3-2-11　擦地

③后擦地：向后做时，脚尖先行，将脚跟留住，保持脚与腿部的外开，擦出至正后方的最远点，这时动力腿脚尖与主力腿脚跟最外侧成垂直线；收回时脚跟先行，脚尖留住，将脚收回至动作初始位置（图3-2-11④）。

（3）动作要点：

①动力腿向前或向后擦出时一定要沿着主力腿脚跟向前或向后沿直线擦出，脚跟向前移。

②保持膝、胯正直，重心始终在主力腿，不可随动力腿的动作向前送。

（三）小踢腿

小踢腿动作可以训练屈髂腰肌、股四头肌、小腿三头肌和脚底肌群收缩。小踢腿练习时，腿部向外踢出，快速擦地踢起的练习可提高腿部的灵活性等，为大幅度的踢腿动作以及大跳的脚步抛出打好基础。

（1）预备姿势：五位脚准备（图3-2-12①）。

（2）动作过程：上体正直，两腿绷直，急速踢起动力腿经擦地、绷脚踢出25°，有力控制，髋外旋，膝向外，对准脚尖；落下时，脚尖先触地，擦地收回。用脚带动腿向空中踢起，要敏捷、有力而迅速地踢出与收回脚，胯部稳定，脚抛出与收回前不能忽略擦地的全过程。小踢腿有向前小踢腿、向旁小踢腿、向后小踢腿（3-2-12②~④）。

观看小踢腿视频

（3）动作要点：

①踢起时全腿必须外开，双腿挺直。

②踢出和收回的瞬间脚尖必须用力绷直，动作要连贯。

③在五位上收脚时，须全脚同时回到准确的五位脚。

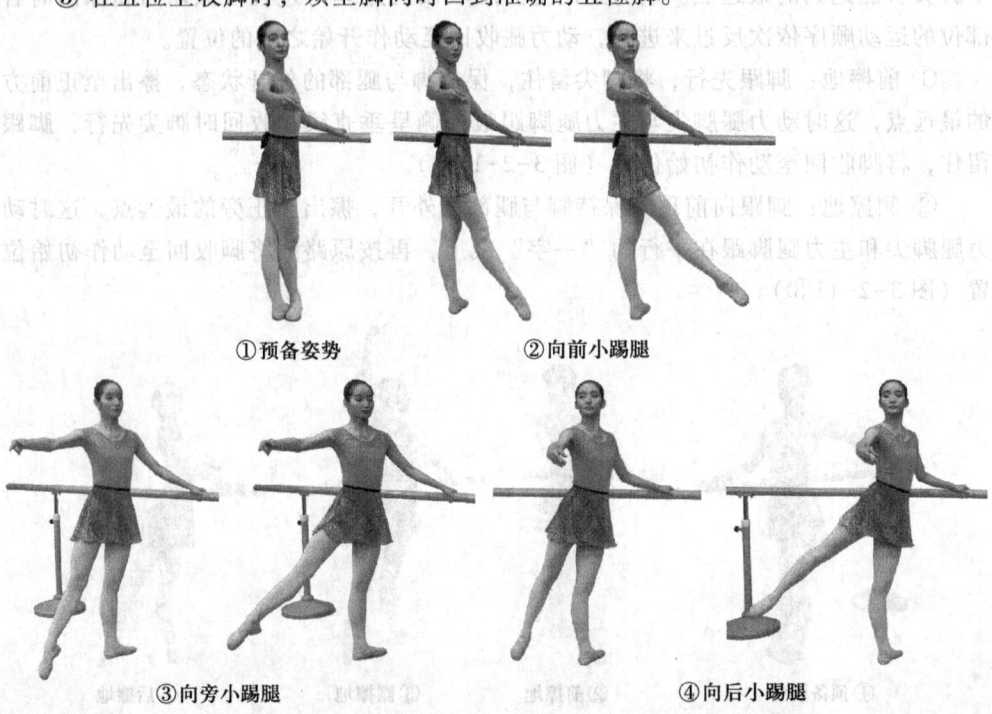

①预备姿势　　②向前小踢腿

③向旁小踢腿　　　　　　　　　　④向后小踢腿

图3-2-12　小踢腿

(四)地面划圈

地面划圈是用脚尖在前、旁、后三个方向弧线移动,目的是训练身体重心的稳定能力与控制能力,髋关节的外开度,整条动力腿的绷直与外开以及脚尖延伸的能力。

(1) 预备姿势:一位脚准备(图3-2-13①)。

(2) 动作过程:在主力腿保持正确重心的情况下,大腿控制不动,动力腿以脚跟向前顶的力量先向前擦出,绷脚尖沿前、旁、后方向划圈后回位(图3-2-13②~⑤)。

(3) 动作要点:

① 髋部要正,动力腿一定要划到位置。沿地面划圈时要分别经过前、旁、后。

② 划圈时,上体要正,保持基本姿态。

观看地面划圈视频

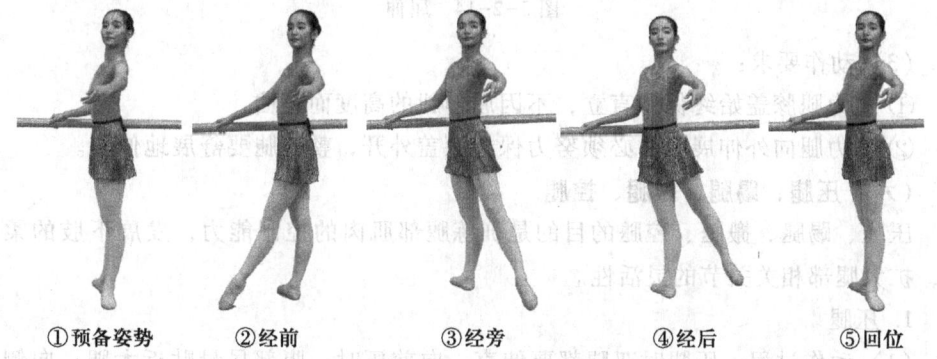

①预备姿势　②经前　③经旁　④经后　⑤回位

图3-2-13　地面划圈

(五)屈伸

(1) 预备姿势:一位脚准备(图3-2-14①)。

(2) 动作过程:动力腿开胯,沿脚踝、小腿至膝盖的位置形成巴塞,然后再向外伸出90°,保持整条腿伸直外开,脚背绷直,停顿片刻,缓缓落下,脚尖点地,再收回至五位。可做前屈伸、旁屈伸、后屈伸(图3-2-14②~④)。

观看屈伸动作视频

①预备姿势　　　　　②前屈伸

③旁屈伸

④后屈伸

图 3-2-14　屈伸

（3）动作要求：

① 主力腿膝盖始终保持直立，不因屈伸腿的高度而弯曲。

② 动力腿向外伸展时，必须努力保持膝盖外开，整条腿要舒展地伸直。

（六）压腿、踢腿、搬腿、控腿

压腿、踢腿、搬腿、控腿的目的是训练腿部肌肉的控制能力，发展下肢的柔韧性，扩大腿部相关关节的灵活性。

1. 压腿

（1）动作过程：压腿时双腿都要伸直。向前压时，腹部尽量贴近大腿；向侧压时，肩和身体的外侧靠近大腿；向后压时，上体尽量向后屈，以头去贴近大腿后部（图 3-2-15①~③）。

①前压腿

②侧压腿　　③后压腿

图 3-2-15　压腿

（2）动作要点：抬头，立腰，立背，髋正，两腿伸直。

2. 大踢腿

法文 Trand battement jere 的音译。踢腿练习可发展髂腰肌、大腿肌群（前、侧、后）的力量和伸展性，使腿部肌肉有力且富有弹性，增强腿、腰、背等的控制能力。

观看大踢腿视频

（1）动作过程：踢腿时经擦地踢出，膝直，腿需要外旋，动力腿擦出后迅速向上踢腿至90°或90°以上。下落经脚尖点地，不停顿地迅速回原位。可向前、向旁、向后做大踢腿。

① 前大踢腿：前踢腿时，尽量固定骨盆，收髋，股四头肌和腿外旋肌群收紧。支撑腿伸直，勿含胸耸肩（图3-2-16①）。

② 向旁大踢腿：向旁踢腿时，上体尽量不要转动，腿部保持外开，踢腿方向要正（图3-2-16②）。

③ 向后大踢腿：向后踢腿时，腹肌、背肌收紧，尽量减少骨盆的前倾（图3-2-16③）。

①前大踢腿　　　　　　②向旁大踢腿

③向后大踢腿

图3-2-16　大踢腿

（2）动作要求：

① 踢腿要快速有力，绷脚面，用脚背力量带动踢腿。

② 上体正直，双腿伸直。

3. 搬腿

搬腿是芭蕾训练的基本功之一，主要锻炼腿部的柔韧性、灵活性和力量等。经常练习搬腿，可以扩大髋关节的活动幅度，提高腿部的上举力量。搬腿主要分为搬前腿、搬旁腿和搬后腿（图3-2-17）。练习搬腿时，为保持平衡，可以单手扶把。主力腿支撑，动力腿抬起至最高处，用手将其扶住，保持片刻，再复原。左右腿交换练习。练习搬腿时要求头顶、颈直、胸挺、腰立、腿直。

①搬前腿　　　②搬旁腿　　　③搬后腿

图3-2-17　搬腿

4. 控腿

观看控腿视频

控制力的训练贯穿于形体训练的始终，控腿训练可以有效地提高腿部相关肌肉的力量和控制能力。对初学者来说，多进行控制训练对提高动作质量和动作稳定性很有帮助。控腿重点在于"控制"，控腿时，考验的是控制力与协调性。

控腿主要分为前控腿、旁控腿和后控腿（图3-2-18）。练习控腿时主力腿要伸直，动力腿绷脚尖并向远方用力延伸，保持姿势不动，注意动作不要变形。控腿练习比踢腿要费力。只有不断进行控腿练习，才能在旋转控制跳跃的连续动作中组合完美的几何图案。

①前控腿　　　②旁控腿　　　③后控腿

图3-2-18　控腿

（七）胸腰练习

观看胸腰练习视频

在形体训练中，通常将胸部练习和腰部练习同时进行。

1. 胸部练习

优美的胸部曲线是形体美的重要因素。对于女性来说，经常做胸腰练习，可以使乳房更加紧致、充满弹性，保持胸部的健美感；对于常常含胸驼背的人来说，经常做此练习，可以逐渐使后背挺拔，展现形体美。

（1）预备姿势：双手扶把，一位脚站立（图3-2-19①）。

（2）动作过程：一位脚站立，头部带动胸部向后仰，两肩打开向后延伸，同时腰部以下要保持直立，重心不能来回晃动，转头后仰时，头部要有控制（图3-2-19②）。

一位脚立后仰时，起脚后跟，腰部以下要保持直立，重心不能来回晃动，转头后仰速度要慢，要有控制（图3-2-19③）。

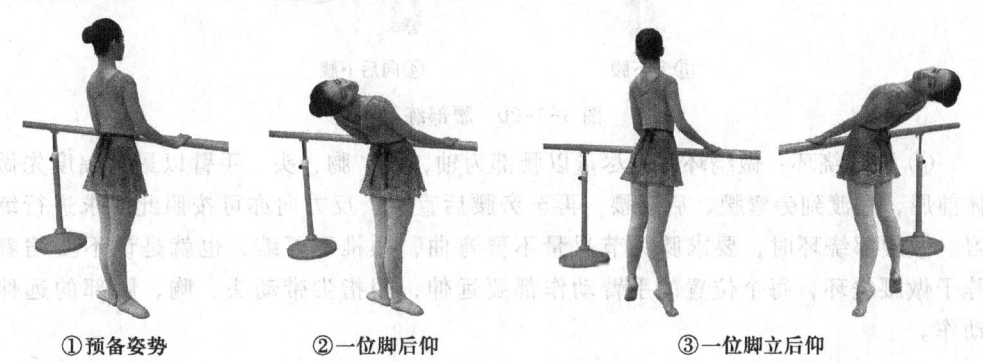

①预备姿势　　　②一位脚后仰　　　③一位脚立后仰

图3-2-19　胸部练习

2. 腰部练习

腰部是连接人上体与下体的枢纽，是练习动作时发力的枢纽。它既是动作美感的核心，也是形体训练中非常重要的一环。

经常做腰部的前屈、旁伸、后仰及环动练习，可以锻炼脊椎的软度、腰背肌肉力量及韧带的弹性，同时可以消耗腰部周围堆积的脂肪，塑造出线条优美的腰背部。多练习这个动作还可以预防椎间盘突出、脊椎侧弯、慢性腰肌劳损等。

（1）预备动作：一位脚或五位脚准备，侧对把杆站立，一手扶把，另一臂二位手（图3-2-20①）。

（2）动作过程：

① 前下腰：抬头，挺胸，上体向下屈，同时腿后部充分拉展，外侧手靠近脚部，腰背韧带充分伸展（图3-2-20②）。

② 旁下腰：侧对把杆站立，一手扶把，外侧手臂呈三位，外侧手臂随上体一同向旁弯曲，挺胸、梗颈使外侧髂腰肌及腰韧带充分拉展（图3-2-20③）。反面练习动作要求如前所述。

③ 向后下腰：胸部、腰部朝后远伸，三位手保持不变（图3-2-20④）。

①准备姿势　　　　　　②前下腰

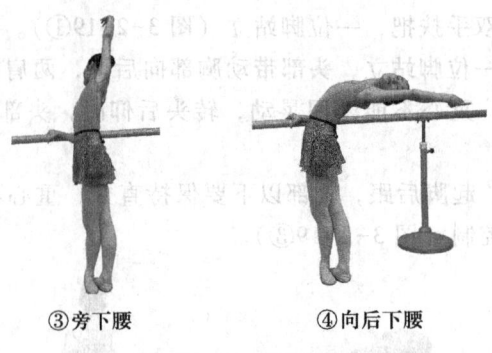

③旁下腰　　　④向后下腰

图 3-2-20　腰部练习

④ 腰部绕环：做绕环时，尽量以腰部为轴，腰、胸、头、手臂以最大幅度先做体前屈，过渡到旁弯腰、后弯腰，再至旁腰后直立。反方向亦可按照此要求进行练习。做腰部绕环时，要求膝关节尽量不要弯曲，颈椎不要缩，也就是说不要缩着脖子做腰绕环，每个位置的手臂动作都要远伸，用指尖带动头、胸、腰部的远伸动作。

第三节　形体中间部分训练

形体中间部分训练内容包括基本步法、踢腿、腰绕环等。基本步法的训练内容包括柔软步、足尖步等基本动作，踢腿的训练内容包括正踢腿、侧踢腿、后踢腿。

一、基本步法

1. 柔软步

绷脚伸出，前脚掌落地并迅速过渡到全脚掌，同时身体重心及时移至前脚（重心在前），两臂自然摆动（图3-3-1）。要求动作自然连贯。

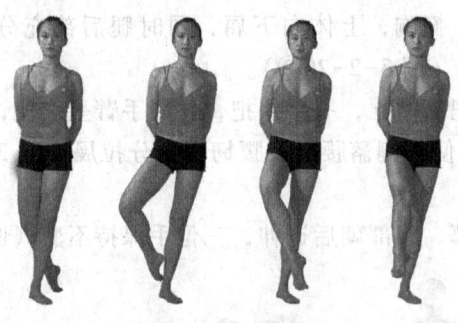

图 3-3-1　柔软步

2. 足尖步

基本动作同柔软步，但是要求立踵高，步幅较小，身体重心平稳（图3-3-2）。切忌重心起伏、耸肩。

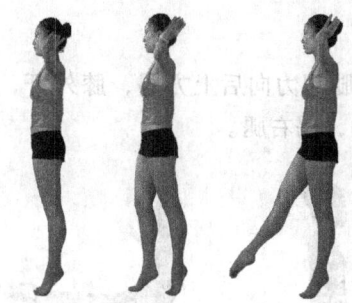

图 3-3-2　足尖步

二、踢腿

做踢腿练习时，要求支撑腿必须伸直，摆动腿要有一定的速度，特别是在做向前、向侧和向后的踢腿摆动时，要动作幅度尽量大，并充分用力，腿下落时要轻，速度要放慢。踢腿的预备姿势为双腿并拢伸直，双脚立踵，双手由一位经二位至七位打开，手心向下，目视前方（图3-3-3）。

1. 正踢腿

预备姿势站立，绷脚尖向前方踢右腿至最大限度（图3-3-4），然后右脚下落踢左腿。

图 3-3-3　预备姿势　　　　　图 3-3-4　正踢腿

2. 侧踢腿

上右脚，向侧上方踢左腿，膝盖对准肩，踢至最大限度（图3-3-5），还原，上左脚，踢右腿。

图 3-3-5　侧踢腿

3. 后踢腿

上右脚，重心后移，左腿用力向后上方踢，膝外开，踢至最大限度，抬头挺胸（图 3-3-6），还原，上左脚，踢右腿。

图 3-3-6 后踢腿

三、腰绕环

胸、腰、腹部的训练是女子形体塑造的重点，腰绕环能提高这三部位肌肉的柔软性、灵活性，防止脂肪堆积，控制腰围、胸围、臀围等，能起到积极有效的作用。

做腰绕环时，腿要尽量伸直，手带动上体做最大弧度，充分拉长腰部肌肉。下腰时呼吸要自然，不能憋气。起时要收腹，挑腰。

1. 后绕环/前绕环

也叫后波浪，从体前屈开始，过渡到直立状态，再向后，颈椎、胸椎、腰椎、髋关节、膝关节、踝关节逐一做屈伸动作呈波浪状（图 3-3-7）。从后往前做，即前绕环，也叫前波浪。

图 3-3-7 后绕环

2. 水平方向绕环

也叫涮腰，是指胸腰、中腰和大腰在不同状态下，朝正反两个方向的水平面进行快或慢的圆周运动（图 3-3-8）。

初学者在做涮腰时，可两腿分开伸直。眼随手动，手带动头、上身往最远的路线划圆（图 3-3-8）。在动作过程中，上体前屈，旁侧时身体尽量呈 90°，后仰，动作幅度越大越伸展越好。初学者要缓慢练习，逐渐加快涮腰速度。

图 3-3-8　水平方向绕环

第四节　形体地功训练

地功训练也是形体训练的一部分，通过地功训练，可以纠正生活中不良的姿势和动作，逐渐形成挺拔、匀称、具有美感的肢体。地功训练内容包括地面坐姿练习、踝关节练习、腿部外开练习、腰背肌练习、柔韧练习、踢腿练习等。成套动作从简单到复杂，从相对小的幅度到大幅度，坚持练习可帮助初学者快速感受身体美：下肢开、绷、直，上体提、挺、立的动作美感；动作外开、延伸的意识；动作柔韧性（软开度训练）、肌肉用力方法（能力训练）、核心力量。在实践教学中地功训练教学效果较好，适合放在课前或课后部分使用。

（注：音乐引用专门的钢琴曲编配，需要请向作者索取。）

一、地面坐姿练习

坐姿是形体训练中最容易掌握的基础训练内容。躯干是人体直立运动的主要部位，也是上体保持提、挺、立的基础，脊柱的立主要依靠腰肌、背肌、腹肌的力量来维持。在地面上进行躯干的提、挺、立训练，是形成动作美的基础，是防止和矫正脊柱变形的有力措施。动作要求胸部挺起，腰直，头正，肩部自然下垂，用力保持向上"顶"的感觉（图3-4-1）。

在掌握了基本的上体感觉后，可以把腿向远伸，膝盖夹紧，超地面用力，同时脚背绷直（图3-4-2）。当充分而完美绷直膝盖和脚背时，脚后跟会稍稍离地。

图 3-4-1　地面坐姿练习一　　　　图 3-4-2　地面坐姿练习二

二、踝关节练习

踝关节练习主要包括踝关节跖屈练习和踝关节背屈练习，即绷脚背和勾脚背。

在形体美中，脚是腿的延伸，在舞蹈中脚充满美的寓意。脚是人体垂直站立、保持稳定性的基础。通过勾绷脚背练习，可以提高脚趾、脚掌、脚弓、脚踝、跟腱等部位的灵活性，使相关关节、韧带、肌肉等的柔韧性、力量得到改善。勾绷脚背动作实现所有舞姿、技术、技巧、跳转翻的根本。

观看勾绷脚视频

绷脚背时伸脚踝，脚背向上拱，脚尖向下压，脚尖尽量碰触地面，脚背与腿部、膝盖下压连成一条线。

勾脚背时脚跟尽力向前蹬，脚尖朝头部方向尽力勾回，腿部完全伸直，充分用力时脚跟是离开地面的。

在进行勾绷脚练习前，首先要进行脚部的准备活动，比如压脚背，将脚背活动开再进行正式练习。

预备姿势如图 3-4-2。

由于脚的骨骼形状以及周围韧带的限制，它的动作很受限制，通过脚趾的勾、半伸、脚背伸直练习（图 3-4-3），可以训练脚底肌群，拉伸脚部韧带，脚部即可获得更大的可塑性。

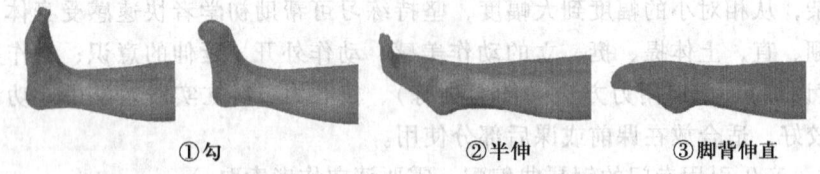

①勾　　②半伸　　③脚背伸直

图 3-4-3　脚趾练习

进行上述练习后，再进行单脚依次勾绷脚练习（图 3-4-4），练习脚部的灵活性及协调能力。

图 3-4-4　单脚依次勾绷脚练习

进行双脚勾绷脚练习时动作一定要缓慢，从脚趾开始勾至双脚离地，同时注意膝盖夹紧用力朝下压，用到全力时脚后跟就会慢慢地离开地面，此时动作才算做充分（图 3-4-5）。

图 3-4-5　双脚勾绷脚练习

三、腿部外开练习

腿部外开练习能最大限度地将肢体的原有线条扩大、延长、延展，能够增强美的表现力。坐姿的腿部外开练习，为直立舞动时的动作支撑面和动作的稳定性提供保障。

1. 坐姿腿部外开练习

坐姿准备，要双腿保持绷直，髋臼带动下肢缓慢地向外转，膝盖转向身体的两侧（图3-4-6）。这一动作符合人体结构规律，但必须经过多次正确的体验才能养成动作意识，这一动作也是为把杆上的外开训练做基本准备。

观看腿部外开练习视频

图 3-4-6　坐姿腿部外开练习

2. 腿部外开后抬起转开及转回练习

先将两腿转开外展至最大限度，保持动作姿态，大腿内侧及脚后跟用力向上抬起，停住、转回、再转开，下落（图3-4-7）。在整个动作中身体不要晃动，尽量体验转开的动作感觉。两腿依次进行练习，能够得到较好的动作体验，更快地体验到动作美感。

图 3-4-7　腿部外开后抬起转开及转回练习

3. 仰卧举腿练习

仰卧举腿动作看似简单，但需要腹部、腿部、腰背的肌群共同完成。

仰卧时保持脚背绷直，尽量外开。向上举腿约45°，稍停后缓慢下落。下落时呼气，尽量远伸脚背，背部肌群需要尽量拉紧，臀部夹紧，下落至15°时停顿后再向上抬至45°方向（图3-4-8）。跟着音乐做时，反复做四次，落地一次。

观看仰卧举腿练习视频

图3-4-8 仰卧举腿练习

4. 仰卧夹腿练习

主要训练臀大肌、臀中肌、臀小肌、腹直肌、髂腰肌。平躺姿势准备，双腿并拢绷脚，两腿抬起离开地面45°，进行交叉腿摆动练习，注意脚背绷直，配合呼吸（图3-4-9）。

图3-4-9 仰卧夹腿练习

四、腹背肌练习

（一）腹肌练习

经常做腹肌练习，可以防止腹部肌肉松弛，削减皮下脂肪，保持身体优美曲线，促进腹部血液循环，同时也能对内脏起到保护作用。

腹部由腹直肌、腹外斜肌、腹内斜肌和腹横肌组成。仰卧起坐是锻炼腹肌的经典动作。仰卧起坐练习不但能使腹部肌肉坚实而富有弹性，减少脂肪在腹壁、两肋附近的堆积，而且也能够对腹腔和盆腔内的组织器官起到按摩作用。

观看腹肌练习视频

1. 第一种练习

预备姿势为仰卧，双臂置于体前，绷脚。收腿，腰背尽量用力，以坐姿为支点，抬起上体（图 3-4-10）。

图 3-4-10　第一种练习

2. 第二种练习

预备姿势同第一种练习。抬腿至 90°，小腿伸直，两臂在两腿侧面伸展，收腹动作要快速准确，上体起来时不要含胸弓背，尽量抬头挺胸（图 3-4-11）。

（二）**背部肌群练习**

背部肌群是背部骨骼肌的总称，包括斜方肌、背阔肌和骶棘肌。背阔肌是背部最重要的肌群，也是形体训练的重要部位；斜方肌位于背的上部浅层，被脊柱一分为二，形成肩形，向上构成了后颈。通过背肌训练，向上可以增

图 3-4-11　第二种练习

加脖颈曲线的美感，向下使背部形成美丽的线条，显示出腰部的苗条，背部力量强，立腰、立背的能力也会强，这是获得优美气质的最佳途径。

预备姿势为俯卧，直臂，双腿伸直。吸气时手臂朝前上方伸直，异侧方向的大腿伸直上抬，到达位置控制后，再呼气放松，还原；反方向动作要求相同（图 3-4-12）。

图 3-4-12　背部肌群练习

（三）**腰腹肌核心肌群的练习**

利用平板支撑可以有效锻炼腹横肌，锻炼核心肌群，远离下背疼痛。

俯卧，双肘弯曲支撑在地面上，脚趾和前臂支撑身体。肩膀在肘部上方，保持腹肌持续收缩发力，臀部不高于肩部，两脚并拢，颈部保持前倾，可以锻炼颈部（图 3-4-13）。这个动作主要塑造腰部、腹部和臀部的线条，还可以帮助维持肩胛骨的平衡，让背部线条更迷人。

图 3-4-13　平板支撑

五、柔韧性练习

观看柔韧性练习视频

1. 体前屈

做体前屈时，双腿尽量控制好，两腿、膝盖及脚背伸直。上体向前压时，胸部、腹部尽量贴近大腿面，上体远伸下压（图3-4-14）。

图3-4-14 体前屈

2. 侧压腿

分腿直角坐，或者一条腿屈、一条腿直分腿坐，右臂弧形上举，左臂弧形体前下伸。身体侧压，尽量贴近左大腿；反方向动作要求相同（图3-4-15）。

图3-4-15 侧压腿

3. 横韧带

两腿左右一字伸开，挺腰立背，直膝绷脚尖，双手可在身前做辅助支撑；前俯倾倒，胸腰贴地，保持数秒；起身至二位手，返回预备姿势（图3-4-16）。

图 3-4-16 横韧带

六、踢腿练习

1. 前踢腿

仰卧，双腿并拢，两臂平放于身体两侧，掌心朝下；前踢腿时，髋关节发力，用脚面带动小腿、大腿上踢，腿要伸直，下落时要有所控制（图 3-4-17）。

▶ 观看前踢腿、侧踢腿视频

图 3-4-17 前踢腿

2. 侧踢腿

侧踢腿时，大腿要外旋，膝盖和脚面朝上，踢腿动作迅速而有力，下落时动作要有所控制（图 3-4-18）。

图 3-4-18 踢侧腿

3. 后踢腿

一膝跪撑，大腿垂直于地面，另一条腿直腿后点地；双手臂垂直撑地。后踢腿时双臂要撑直，同时抬头、挺胸、塌腰，髋部放松，后踢腿要有力，下落时要有控制（图 3-4-19）。

▶ 观看后踢腿视频

图 3-4-19 后踢腿

七、仰卧练习

1. 双腿侧吸外展

预备姿势为仰卧，稍离地举腿准备，腿伸直，绷脚背（图 3-4-20①②）。髋关节外展打开，两腿向内夹紧，此时膝关节尽量贴紧地面（图 3-4-20③）。两腿向外侧伸展，同时绷脚背向两边远伸，注意背部紧贴地面，不要隆起（图 3-4-20④）。两脚尖相对后还原成髋关节外展打开，两腿向内夹紧，绷脚背（图 3-4-20⑤⑥）。

图 3-4-20 双腿侧吸外展

2. 单腿侧吸伸腿

预备姿势为仰卧，稍离地做举腿准备，腿伸直，绷脚背（图 3-4-21①）。一腿侧吸，另一脚绷脚离地控制，保持不动（图 3-4-21②）。一腿向侧打开，保持腿外旋，尽量沿着地面向上方抬起（图 3-4-21③）。还原成为巴塞吸腿后缓慢伸直成预备姿势（图 3-4-21④⑤）。

图 3-4-21 单腿侧吸伸腿

3. 髂腰肌练习

预备姿势为仰卧，两腿伸直并拢，上体紧贴地面，三位手准备（图 3-4-22①）。在下肢保持不变的情况下，尽量将腰部侧弯后还原（图 3-4-22②③），再做体前屈（图 3-4-22④）。然后迅速躺下，将腿上举，始终保持直膝、绷脚，脚尖带动双腿上举（图 3-4-22⑤）。

图 3-4-22 髂腰肌练习

第三章　形体基本训练　57

八、胸腰软度波浪练习

坚持做胸腰软度波浪练习，可增强肩部、胸部和腰部肌肉的柔韧性，以及脊柱的伸展性、灵活性，从而大大增加躯干动作的幅度和美感，培养优美的躯干姿态，使身体富有曲线美。

（一）半身地面波浪练习

观看半身地面波浪视频

（1）跪坐准备，两臂伸直，尽量将肩角拉开，胸部尽量下沉紧贴地面向前滑动至平趴（图3-4-23①~④）。

（2）双手撑于腰部两侧推地面，将身体抬起成蛇式，抬头挺胸，腰部尽量向后弯曲，同时两腿尽量远伸，绷脚背（图3-4-23⑤~⑦）。

（3）稍保持该动作后，手臂不要移动，上体向下趴（图3-4-23⑧）。

（4）手臂推地，臀部向上翘，胸部沿着地面后移（图3-4-23⑨~⑪）。

（5）还原成跪坐，向后顶肩，胸腰起来，吊胸抬头（图3-4-23⑫）。

图3-4-23 胸腰软度波浪练习

（二）全身地面波浪练习

身体波浪分为向前波浪、向侧波浪、向后波浪。主要的动作要点是膝、髋、腰、胸、头各部位依次向前上方或侧面或后方挺出。做身体波浪动作练习通常都配合柔和的音乐，动作要连贯，动作幅度要大。

在跪坐或跪立姿态下练习身体波浪，能够有效地降低身体波浪的学习难度，快速地掌握胸、腰、肩部的动作要求。坚持做地面波浪练习，可增强脊椎、腰椎、颈椎、肩关节的屈伸性及灵活性，改变这几个部位肌肉的弹性和形状，从而大大增加躯干动作的幅度和美感，使身体富有曲线美和表现力。

1. 跪立身体前波浪

跪坐准备，两臂打开成侧平举，随后吊头挺胸，微微翘臀，同时两臂后伸，稍停住后，含胸弓背向下呈含胸低头，团得越紧越好，随后髋、腰、胸、头各部位一定要依次向前上方伸展（图3-4-24①~④），同时两臂一位手向上至三位手成跪立姿态。

观看跪立身体前波浪和后波浪视频

图3-4-24　跪立身体前波浪

2. 跪立身体后波浪

跪立，手臂下垂后伸（图3-4-25①）。微微翘臀，同时两臂贴住身体伸直，挺胸抬头向下后，含胸弓背向下团身（图3-4-25②③），团得越紧越好，随后两臂一位手向上至三位手成前腿跪立姿态（图3-4-25④），双臂尽力向后伸展（图3-4-25⑤），完成身体后屈动作。

做后波浪时，上体先充分的展，然后髋、腰、胸、头部依次含。

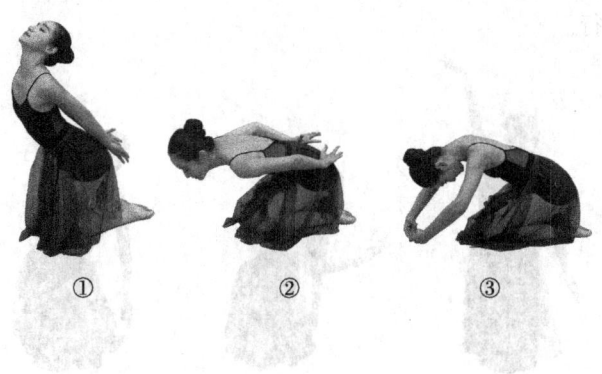

图 3-4-25　跪立身体后波浪

3. 跪立身体侧波浪

跪立时一条腿侧身，三位手。随后下旁腰，同时两臂向两侧上下打开，一臂向侧上方远伸，另一臂向侧下方（脚尖方向）远伸，下颌对着向侧下方运手的手指指尖，形成跪立身体侧波浪动作（图 3-4-26①②）。反面练习动作要求同上（图 3-4-26③）。

图 3-4-26　跪立身体侧波浪

4. 跪立身体螺旋波浪

跪立，单臂上举至三位。上举的手臂由后向另一侧下绕，挺胸抬头，身体由跪立逐渐转动并跪坐于一侧脚踝上，手臂再由腹前伸向前上方，下颌对着指尖，同时带动腰部和身体的转动，挺胸抬头，另一臂屈肘后撑，形成跪坐后撑后再向前上方伸展成挺胸抬头姿势（图 3-4-27①~④）。反方向动作亦同（图 3-4-27⑤~⑥）。练习时要依次进行。

图 3-4-27 跪立身体螺旋波浪

5. 跪坐身体前波浪

跪坐准备，两臂置于脸前，随后吊头挺胸，两臂前后分开，下颌对着向前上方伸的手指指尖，形成跪坐的向前波浪（图 3-4-28①~④）。此动作有两臂依次向前的动作，可依次练习。练习时要求髋、腰、胸、头各部位依次向前上方伸展。

图 3-4-28 跪坐身体前波浪

6. 跪坐身体侧波浪

跪坐准备，两臂置于胸前，随后挺胸，两臂分开，一臂于臀后侧撑地，另一臂向侧前方伸展，下颌对着向侧上方伸的手指指尖，形成跪坐的向侧波浪（图 3-4-29①②）。此动作有两臂依次向侧的动作，可依次练习。练习时要求髋、腰、胸、头等部位依次向前上方伸展，肩和髋要正对侧方，不许收髋撅臀。

图 3-4-29 跪坐身体侧波浪

课后练习题

1. 练习手位、脚位。
2. 练习把杆训练、形体中间部分训练、形体地功训练内容。
3. 自选音乐,自编一套形体练习动作。

第四章 形体舞动训练

第一节 形体舞蹈训练

形体舞蹈训练组合是一套以身体波浪、拉伸、行走、柔韧等体形姿态及动作为核心的舞蹈,通过静力性活动以及控制活动改善四肢的协调性和准确性,纠正日常生活中不正确的姿势,从而塑造出更加完美的身体形态。

在练习中要注意,准备活动要充足,并保持良好的姿态。要做到挺胸、收腹,夹紧臀部,尽量大幅度地完成动作,从而达到拉伸身体各部位肌肉的目的。

观看形体舞蹈视频

第一节(八个八拍)

Step 1

1-2拍:面向9点方向,抬头挺胸,两手自然垂于身侧,左脚向前迈一步,重心移至左腿(图4-1-1①)。

3-4拍:右脚向前迈一步,重心移至右腿(图4-1-1②)。

5-6拍:左脚向前迈一步,重心移至左腿,同时左手向9点方向伸出(图4-1-1③)。

7-8拍:上身转180°,双脚位置保持不变,重心移至右腿,左手放下,右手向3点方向伸出后放下(图4-1-1④)。

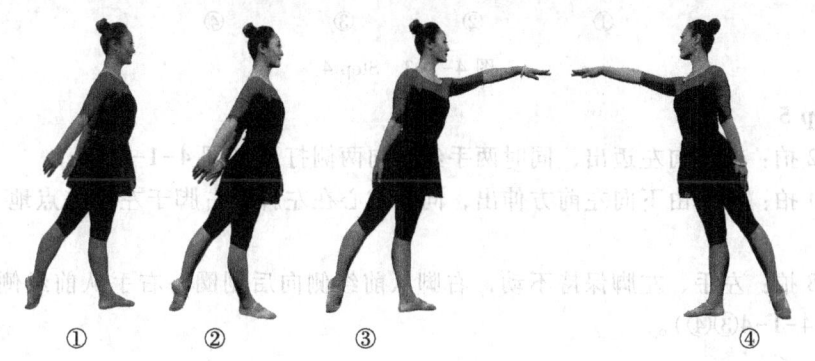

图 4-1-1 Step 1

Step 2

1-8拍:重复 Step 1。

Step 3

1-2拍:上身向左转体90°,同时左脚向12点方向迈出,重心向前移至左腿(图4-1-2①)。

3-4拍：右脚向前迈一步，重心前移（图4-1-2②）。

5-6拍：左脚并向右脚，双膝微屈，同时左手向3点方向伸出，头稍往左倾（图4-1-2③）。

7-8拍：左手姿势保持不动，右手向9点方向伸出，头稍向右倾（图4-1-2④）。

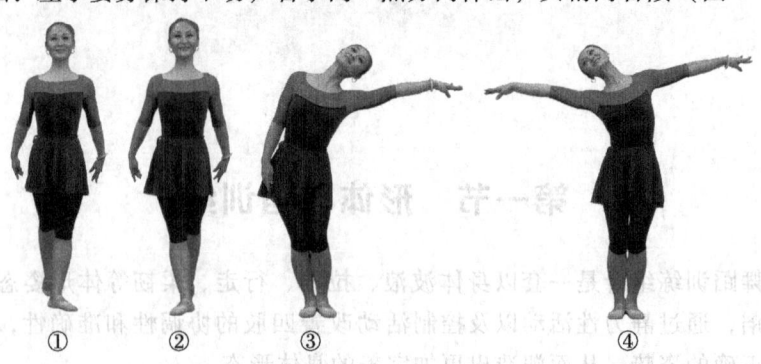

图 4-1-2　Step 3

Step 4

1-4拍：两手由下至上抬起在胸前交叉，同时含胸立起（图4-1-3①）。

5-8拍：碎步向左转体360°（图4-1-3②~④）。

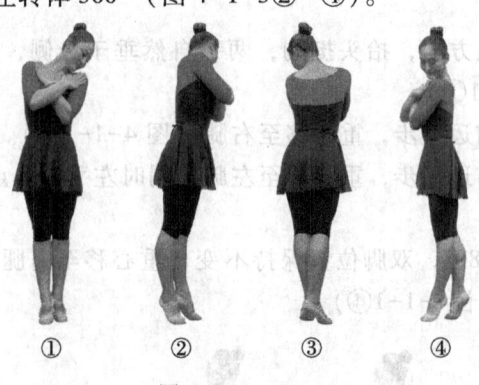

图 4-1-3　Step 4

Step 5

1-2拍：左脚向左迈出，同时两手经前向两侧打开（图4-1-4①）。

3-4拍：两手由下向左前方伸出，同时重心在左脚，右脚于左前方点地（图4-1-4②）。

5-8拍：左手、左脚保持不动，右脚从前经侧向后划圈，右手从前经侧向上划圈（图4-1-4③④）。

Step 6

1-2拍：右脚向右迈出，同时两手经前向两侧打开（图4-1-5①）。

3-4拍：两手由下向右前方伸出，同时重心在右脚，左脚于右前方点地（图4-1-5②）。

5-8拍：右手、右脚保持不动，左脚从前经侧向后划圈，左手从前经侧向上划圈（图4-1-5③④）。

① ② ③ ④

图 4-1-4　Step 5

① ② ③ ④

图 4-1-5　Step 6

Step 7

1-2 拍：左脚向左迈出，同时两手经前向两侧打开（图 4-1-6①）。

3-4 拍：两手由下向左前方伸出，同时重心在左脚，右脚于左前方点地（图 4-1-6②）。

5-6 拍：右脚向右迈出，同时两手经前向两侧打开（图 4-1-6③）。

7-8 拍：两手由下向右前方伸出，同时重心在右脚，左脚于右前方点地（图 4-1-6④）。

① ② ③ ④

图 4-1-6　Step 7

Step 8

1-4拍：双手经前向侧打开后，在身体两侧落下，同时左脚从前经侧向后划圈（图4-1-7①）。

5-8拍：右腿屈膝，左腿跪地，同时低头含胸，再缓缓抬头挺胸（图4-1-7②）。

图 4-1-7 Step 8

第二节（八个八拍零四拍）

Step 1

1-8拍：右手向右侧伸出后，从上经左缓缓落下（图4-1-8①~③）。

图 4-1-8 Step 1

Step 2

1-8拍：左手向左侧伸出后，从上经右缓缓落下（图4-1-9①~③）。

图 4-1-9 Step 2

Step 3

1-8拍：两手由胸前交叉经侧向上伸展后，手心相对，屈臂落于身体两侧（图 4-1-10①~④）。

图 4-1-10　Step 3

Step 4

1-2拍：右腿跪地，两手同时向前伸出，并低头含胸（图 4-1-11①）。

3-4拍：两手向下缓缓落下，同时抬头挺胸（图 4-1-11②）。

5-8拍：跪姿态，两手由下经侧向上伸展（图 4-1-11③）。

图 4-1-11　Step 4

Step 5

1-8拍：重复 Step 4。

Step 6

1-2拍：向左转体180°，同时臀部着地，两腿伸直向两侧打开后收回（图 4-1-12①②）。

3-8拍：再向左转体180°，同时双膝跪地，低头含胸后，右手向右侧斜上45°方向打开，左手向左侧斜下45°方向打开（图 4-1-12③~⑤）。

③　　　　　　　　④　　　　　　　　⑤

图 4-1-12　Step 6

Step 7

1-4 拍：左手缓缓搭于右肩，头左倾（图 4-1-13①）。

5-8 拍：右手缓缓搭于左肩，头右倾（图 4-1-13②）。

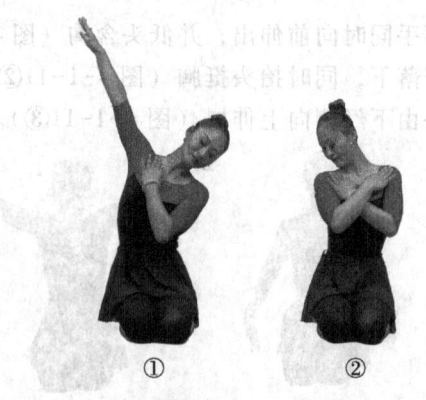

①　　　　　　　②

图 4-1-13　Step 7

Step 8

1-8 拍：向右转体 180°，臀部着地，两腿屈膝，同时抱膝、低头含胸后，再转体 90°，面向 9 点方向（图 4-1-14①~③）。

Step 9

1-4 拍：两腿缓缓向两侧伸直，同时两手经前向侧打开，抬头挺胸（图 4-1-15）。

①　　　　　②　　　　　③

图 4-1-14　Step 8　　　　　　　　　图 4-1-15　Step 9

第三节 （八个八拍零四拍）

Step 1

1-4拍：身体向左倾斜，尽量往左腿靠近，同时右手举于头顶上方，左手在下，向右侧伸展后，回原位（图4-1-16①）。

5-8拍：身体向右倾斜，尽量往右腿靠近，同时左手举于头顶上方，右手在下，向左侧伸展后，回原位（图4-1-16②）。

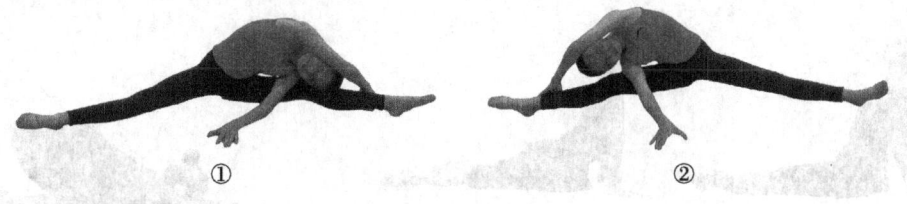

图 4-1-16　Step 1

Step 2

1-8拍：左手向右侧经前向左侧划圈后撑于身体后方，划圈同时身体尽量靠近地面，右手从后经右侧至前，胯部顶起，左手为支撑手，右手向上伸展（图4-1-17①②）。

图 4-1-17　Step 2

Step 3

1-8拍：右手向左侧经前向右侧划圈后撑于身体后方，划圈同时身体尽量靠近地面，左手从后经左侧至前，胯部顶起，右手为支撑手，左手向上伸展（图4-1-18①②）。

图 4-1-18　Step 3

Step 4

1-4拍：胯部收回后坐下，两腿并拢，双手后撑（图4-1-19①）。

5-8拍：向左转体180°成俯撑状，重心向后，胯部着地，上身向上抬起（图4-1-19②）。

Step 5

1-8拍：肩胸依次贴地（图4-1-20），重心向后成跪姿，抬头挺胸。

图4-1-19 Step 4　　　　　图4-1-20 Step 5

Step 6

1-2拍：跪姿，挺胸塌腰，右手向前伸展，同时左手向后伸展（图4-1-21①）。

3-4拍：跪姿，挺胸塌腰，左手向前伸展，同时右手向后伸展（图4-1-21②）。

5-8拍：左手保持，右手由下并向左手，低头含胸，经跪立起后缓缓坐下，挺胸塌腰（图4-1-21③④）。

图4-1-21 Step 6

Step 7

1-8拍：重复Step 6。

Step 8

1-4拍：跪姿，抬头挺胸，两手分别在斜下45°方向，同时向左做手波浪后，再向右做手波浪（图4-1-22①②）。

5-8拍：跪姿，抬头挺胸，两手上举，同时向左做手波浪后，再向右做手波浪

（图4-1-22③④）。

图 4-1-22 Step 8

Step 9

1-8拍：身体向左跪转270°后，左脚在前，右脚后点地，缓缓站起，抬头挺胸（图4-1-23①~③）。

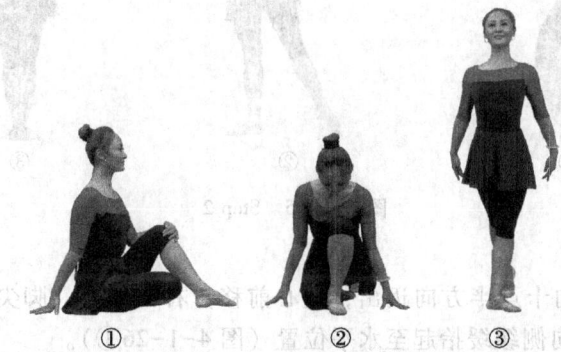

图 4-1-23 Step 9

第四节（四个八拍）

Step 1

1-2拍：右脚踩地，左脚向左侧迈出，重心由右脚移至左脚，同时两手由右下方经右向上至左上方做波浪（图4-1-24①）。

3-4拍：重心移至右脚，同时两手由左在头顶位置向右做波浪（图4-1-24②）。

图 4-1-24 Step 1

第四章 形体舞动训练   71

5-6拍：重心移至左脚，同时两手由右在头顶位置向左做波浪。

7-8拍：重心移至右脚，同时两手由左在头顶位置向右做波浪。

Step 2

1-2拍：左手缓缓落至侧平举位置，重心移至左脚，右手经上向左缓缓落下，同时右腿屈膝，脚尖在左脚旁点地（图4-1-25①）。

3-4拍：右手由左经前向右缓缓打开，同时右腿经前向右后划圈后，伸直，脚尖点地（图4-1-25②）。

5-8拍：右脚在左脚后方缓缓收回，呈丁字步站立，两手由侧方缓缓落下（图4-1-25③）。

图 4-1-25 Step 2

Step 3

1-2拍：左脚向十点半方向迈出，重心前移，右腿伸直，脚尖在后方点地，同时右手向前，左手向侧缓缓抬起至水平位置（图4-1-26①）。

3-4拍：右脚迈出，重心前移，左腿伸直，脚尖在后方点地，同时两手放下后，左手向前，右手向侧缓缓抬起至水平位置（图4-1-26②）。

5-8拍：左腿伸直，由后向前划圈后踩地，同时两手由下经左向上缓缓划圈后，向右落下，同时重心移至左脚，右腿伸直向右侧轻轻抬起，右脚于八点半方向落下，左腿微微屈膝抬起，含胸低头（图4-1-26③④）。

图 4-1-26 Step 3

Step 4

1-8拍：抬头挺胸，面向6点方向碎步跑，绕一圈后回到中间面向12点方向站好，两手缓缓上举（图 4-1-27①~⑥）。

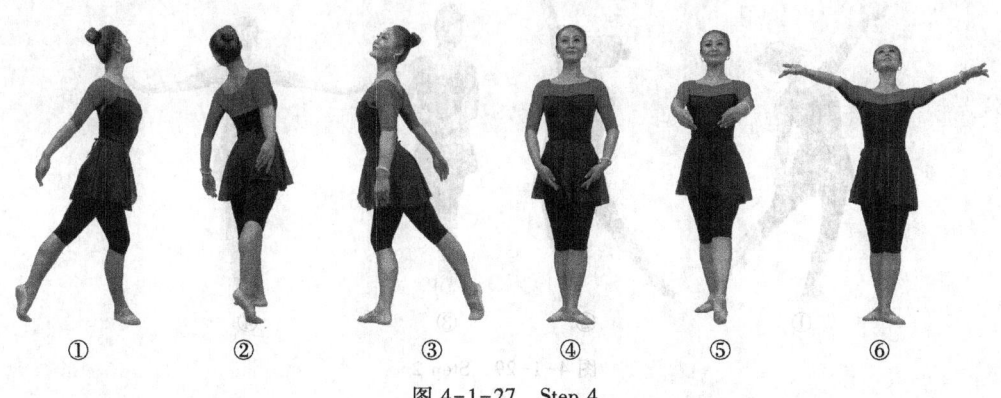

图 4-1-27　Step 4

Step 5—8

重复 Step 1—4。

第五节（七个八拍）

Step 1

1-2 拍：左脚尖绷直向前擦地而出，同时两手（手心相向）由下向前缓缓伸出（图 4-1-28①）。

3-4 拍：重心前移，右脚并向左脚，同时双脚脚踝立起，两手向上举至耳旁。

5-6 拍：放下脚踝，左脚向后迈，重心后移，右脚前点地，同时右手向前缓缓落至水平位，左手向侧落至水平位（图 4-1-28②）。

7-8 拍：右脚向后迈一步，重心后移，右脚前点地，两手保持不变。

图 4-1-28　Step 1

Step 2

1-2 拍：右脚向 3 点方向迈步，重心右移，同时右手经侧向上做波浪，左手在侧向下做波浪（图 4-1-29①）。

3-4 拍：重心左移，同时左手由下经侧向上做波浪，右手由上经侧向下做波浪（图 4-1-29②）。

5-8 拍：右脚为支撑脚，左脚并向右脚，立踵转体 360°，同时左手放下后，两手上举至耳侧后，两手由上经侧缓缓落于体侧（图 4-1-29③④）。

图 4-1-29　Step 2

Step 3

1-8 拍：重复 Step 1。

Step 4

1-8 拍：重复 Step 2。

Step 5

1-2 拍：左脚向十点半方向迈出，同时低头含胸，两手向斜后放松摆出后，抬头挺胸，两手向后斜摆出后固定（图 4-1-30①）。

3-4 拍：上身保持不变，右脚迈出（图 4-1-30②）。

5-6 拍：上身保持不变，左脚迈出。

7-8 拍：上身保持不变，右脚迈出。

Step 6

1-2 拍：右脚轻微小跳，左腿屈膝吸起，同时低头含胸，两手由后经下向前缓缓伸出（图 4-1-31①②）。

3-8 拍：左脚放下，向后走四步碎步成右脚在前，左腿屈膝在后支撑，两手经侧缓缓向上伸至耳侧后放下。

图 4-1-30　Step 5　　　　　　　图 4-1-31　Step 6

Step 7

1-4 拍：右脚向右侧即 3 点方向迈步，重心右移，同时右手经侧向上做波浪，左手在侧向下做波浪（图 4-1-32①）。

5-8 拍：重心左移，同时左手由下经侧向上做波浪，右手由上经侧向下做波浪（图 4-1-32②）。

图 4-1-32　Step 7

第六节

结尾部分三至四个八拍可自由发挥。

第二节　形体瑜伽训练

一、瑜伽概述

瑜伽起源于印度，是古代印度哲学弥曼差等六大派中的一派。瑜伽一词源于梵文"YOGA"，"YOGA"来自两个字根，为"yuj""gham"，意指加法和结合，有自我（Atma）和原始动因结合（The original cause）或一致的意思，是为达到冥想而集中意识之义。从广义讲，瑜伽是哲学；从狭义讲，瑜伽是一种精神和肉体结合的运动。作为修行和练功方法的瑜伽，体系有很多，如哈他瑜伽、八支分法瑜伽、智瑜伽、多罗瑜伽、瑜伽冥想、业瑜伽、爱心服务瑜伽等。

这儿讲的瑜伽，是指练功方法，是用来增进身体健康，强化心智，使精神健康，求身心融合为一的修持方法。

瑜伽的修持方法分八个阶段进行。

第一阶段：道德规范。道德为首要，没有道德，任何功法都练不好。必须以德为指导，道为成功之母，德为成功之源。瑜伽道德基本内容为：真实不虚伪、诚信不为盗、冷静非暴力、节欲不贪婪、愉悦不张狂。这是瑜伽首先要求修持者遵守的道德规范。

第二阶段：自身的内外净化。外净化为端正行为习惯，努力美化周围环境；内净化为根绝七种恶习——欲望、愤怒、贪欲、狂乱、迷恋、恶意、嫉妒。

第三阶段：体位法。体位法数不胜数，瑜伽的体位法，能锻炼肌肉、消化器官、腺体、神经系统等。体位法锻炼不仅能够提高身体素质，还可以提升气质，使形体和气质保持平衡。

第四阶段：呼吸法。瑜伽的呼吸法是指有意识地延长吸气、屏气、呼气的时间。吸气是接受宇宙能量的动作，屏气是指宇宙能量活化，呼气时去除一切思考和情感，同时排除体内废气、浊气，使身心得到安定。

第五阶段：控制精神感觉。精神在任何时候都处于两个相反的矛盾活动中，首先是欲望和情感相纠缠，其次是同自我相联系的活动。控制精神感觉就是抑制欲望，使感情平和下来，将意识集中于一点或一件小事，从而使精神安定平静。

第六至第七阶段：冥想、静定状态。只有通过实际体验去加以理解，难以描述。

第八阶段：修持者进入"忘我"状态。即意识不到自己的肉体在呼吸、自我精神和智性的存在，已进入了无限广阔的宁静世界。

以上八个阶段综合起来即瑜伽的修持方法，八个阶段又分为四个步骤来实现。第一和第二阶段是思想基础、思想准备；第三和第四阶段是肉体训练，通过各种姿势训练达到祛病强身的目的；第五和第六阶段进行初步静坐修持静功；第七和第八阶段是高层次修持，进入冥想、静定阶段。

二、练习形体瑜伽的注意事项

（一）时间

（1）练习瑜伽可以在进餐以外的时间进行，最好在餐后三四个小时进行。

（2）清晨或者傍晚练习瑜伽是不错的选择。

（3）傍晚时练习瑜伽，动作一般比早晨灵活，瑜伽姿势会做得比较到位。

（4）傍晚时练习瑜伽，有助于消除一天的疲劳，让人恢复精力。

（二）地点

练习的地点格外重要，在城市里，很难找到田园或者森林，所以尽可能选择安静、干净、舒适和通风的房间练习瑜伽。

（三）垫子

选择一张由天然材料做成的薄厚适合的垫子，垫子太软或太硬都不好，垫子一定要能支撑好自己的脊柱。

（四）着装

由于瑜伽有大量扭曲和伸展躯干或四肢的动作，因此最好穿宽松的衣服且光脚来练习。在开始练习前，摘掉手表和其他饰物，这些物品可能会妨碍动作。

（五）饮食

练习瑜伽应空腹，应在餐后三四个小时进行练习。尽量避免进食过于油腻、辛辣和容易导致胃酸过多的食物。练习结束30~40分钟后方可进食。

（六）提醒

在做瑜伽姿势和其他动作时，不要勉强自己，切记不要强行牵扯。初学者可能会发现刚开始练习时自己的肌肉或韧带僵硬，经过几个星期的常规练习以后，肌肉与韧带的弹性和柔韧性都会得到提高。

（七）范围

不用用力拉伸自己的肌肉和韧带，伸展到自己最舒适的位置即可。动作能做到哪儿就在那儿控一会儿，不要强迫自己感到不舒服。

三、形体瑜伽的功效

形体瑜伽是由形体身韵、瑜伽的冥想和意念组成的功效性全身练习的动作，这套动作运用形体身韵中比较静态、优美、舒展的姿势配合瑜伽修持的八个阶段,具有以下几种功效。

(一)纠正精神的不安宁和情绪的紊乱,以保证健康的精神和积极旺盛的生命力。

(二)由于现代人生活节奏快,精神压力大,缺乏运动,还有环境污染等因素,许多人身体处于亚健康状态,患身心疾病的人明显增加。从生理学角度来说,练习瑜伽的作用就是使人的神经系统和内分泌系统的功能维持正常。从心理学意义上来说,练习瑜伽可以促使心神平静,开发直观感受的能力,培养形成积极向上、充满希望的精神状态。

(三)在本套形体瑜伽动作中,将瑜伽的基本姿势科学地组合在一起,练习规范、缓慢、舒展的瑜伽动作,配合得当的呼吸。通过形体瑜伽练习,可提高身体的柔韧性与灵活性,塑造充满美感的身材。而且,在这套形体瑜伽动作中,专门针对胸、臀、腹、腿等部位编排了动作,有助于消脂瘦身。练习形体瑜伽,还有排毒、美颜、美肤的功能,既可健身又可健心。流畅的律动和优美的音乐伴奏,有助于快速掌握形体瑜伽动作,使身心达到最佳状态。

四、形体瑜伽训练

Step 1

1-4拍:侧坐于地面,低头含腰,两腿弯曲,双手紧抱两腿(图4-2-1①)。(深深吸气)

5-8拍:身体姿态不动,向后吊头(图4-2-1②)。(慢慢呼气)

意念:一朵美丽芬芳的花正待开放。

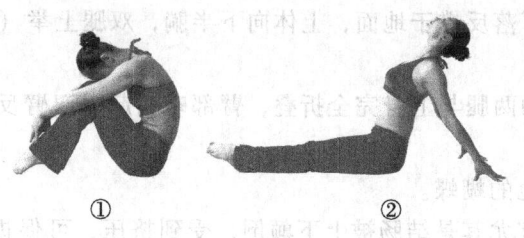

图 4-2-1 Step 1

Step 2

1-4拍:上体立直,右腿向前伸直,绷脚尖,左腿屈膝,脚尖于右膝内侧点地,右手扶左膝外侧,左臂稍远撑于地面,身体向左转(图4-2-2①)。(深深吸气,慢慢呼气)

5-8拍:向右转体,换腿、换手位再做一次(图4-2-2②)。

意念:含苞待放的花朵正在开放。

作用:这个练习可以放松脊柱和背部肌肉群,防止并矫正不良姿势、不良体态,缓解腰部和髋关节的僵硬感。

图 4-2-2　Step 2

Step 3

1-4 拍：上体向前屈，双手盖住两脚尖（图 4-2-3①）。

5-8 拍：直角坐，两臂向上至三位手，抬头梗颈（图 4-2-3②）。

意念：略带红色的日落景象。

作用：对骨盆有益，促进血液流入背部和腹部。

图 4-2-3　Step 3

Step 4

1-4 拍：双手下落反撑于地面，上体向下半躺，双腿上举（图 4-2-4①）。（深深吸气）

5-8 拍：上举的两腿与上身完全折叠，臀部略抬起，双臂反位远伸（图 4-2-4②）。（慢慢呼气）

意念：一只金色的蝴蝶。

作用：腹部器官尤其是结肠被上下颠倒，受到挤压，可促进排泄。经常练习这个动作，会消除肠道内含毒素的废物。

图 4-2-4　Step 4

Step 5

1-4拍：两腿向前下落至地面自然分开45°，右手放于两腿中间左手撑于身体后方（图4-2-5①）。

5-8拍：右臂向前上方远伸，随后用力顶髋，身体、膝关节伸直，两脚及左手三点撑于地面（图4-2-5②）。

作用：可以按摩内脏器官，对消化有益。

图4-2-5 Step 5

Step 6

1-4拍：屈肘落地的瞬间收右腿并左腿，同时向左转体180°，两臂收于胸部两侧支撑（图4-2-6①②）。

5-8拍：向后做胸波浪至跪撑，低头含胸，双手撑地（图4-2-6③~⑤）。

作用：脊柱的伸展和运动，可以强壮脊柱，改善坐骨神经功能，减少臀部和大腿的脂肪。

图4-2-6 Step 6

Step 7

1-4拍：向前做胸波浪一次后成反弓形直角撑，抬头挺胸，头后仰（图4-2-7①~③）。

5-8拍：再重复做一次向后胸波浪（图4-2-7④~⑥）。

意念：想象自己的脊柱有一根链条，从脊柱直通头顶。

图 4-2-7　Step 7

Step 8

1-4 拍：左腿跪撑，右腿向上伸直，同时右臂侧上伸，转头看右手（图 4-2-8 ①②）。

5-8 拍：含胸收腿，收手臂后，再做一次 3-4 拍动作（图 4-2-8 ③④）。

作用：雕塑下肢，使下肢修长。

图 4-2-8　Step 8

Step 9

1-4 拍：双腿跪于地面，双手撑地（图 4-2-9 ①）。

5-8 拍：向后踢右腿 1 次（图 4-2-9 ②）。

作用：塑造美丽的体侧线条，按摩内脏器官。

图 4-2-9　Step 9

Step 10

1-4 拍：左腿跪地，右腿稍屈向后上抬，同时右手扶住右小腿中间部位（图 4-2-10）。

5-8 拍：保持姿势，控制不动。

意念：像一只孔雀在开屏，在跳舞。

作用：雕塑动人的线条。

Step 11

1-4 拍：向后坐于脚后跟上，同时两臂从一位前后分开向上起波浪，左臂在前上方，右臂在后下方（图 4-2-11①②）。

5-8 拍：保持姿势不动，两手臂向下压波浪一次。

作用：雕塑美丽的肩膀、美丽的上臂。

图 4-2-10 Step 10　　　　　图 4-2-11 Step 11

Step 12

1-4 拍：双手在前方地面上合拳，双肘、拳呈三角撑地，前额顶于拳眼上方，准备起倒立（图 4-2-12①）。

5-8 拍：右腿向上抬起，左脚蹬地后成倒立姿势，同时缓缓控制成两腿前后水平分开（图 4-2-12②③）。

意念：一间屋子，烟囱上炊烟袅袅。

作用：新鲜的血液进入头部和上身，使脑细胞充满生气，补充养分。

图 4-2-12 Step 12

Step 13

1-4 拍：倒立，上体保持不动，两腿向上合立（图 4-2-13①）。

5-8拍：两腿前后水平分开成弯曲状（图4-2-13②）。

意念：一间屋子，烟囱上炊烟袅袅。

作用：如果把这个动作做得恰当，就会起到消除紧张，预防和消除头痛的作用。

Step 14

1-4拍：双腿经伸直后向前方着地成肘撑拱桥姿势（图4-2-14①②）。

5-8拍：双臂慢慢伸直成拱桥姿势（图4-2-14③）。

意念：小桥流水。

作用：向后方下腰时，会增强背部肌肉群，放松肩关节、颈部肌肉，提高脊柱柔韧性。背部反拱，可以有效纠正圆肩和驼背。

图4-2-13　Step 13

图4-2-14　Step 14

Step 15

1-4拍：调整重心，向上伸直右腿（图4-2-15①）。

5-6拍：右腿落下，准备起上体（图4-2-15②）。

7-8拍：上体前波浪起，双腿与肩同宽，左臂前、右臂后做向下压波浪1次（图4-2-15③）。

意念：一个女孩打着一把雨伞站在桥上。

作用：可以纠正圆肩和驼背。

图4-2-15　Step 15

Step 16

1-4拍：向右转体90°，左脚向前迈一步，左手经二位打开至七位不动（图4-2-16①）。

5-8拍：右脚再向前一步，右手经二位打开至七位（图4-2-16②）。

作用及意念：放松精神，减小压力。

图4-2-16　Step 16

Step 17

1-4拍：左脚向左侧方上一步，双手经二位抬至三位，向后打开至体侧，同时身体做前波浪并向下蹲（图4-2-17①~③）。

5-8拍：右腿屈于左膝后成后点地，上体躬背低头，两臂下垂，保持姿势（图4-2-17④）。

作用：雕塑腹部、臀部、腰部，减少背部的赘肉。

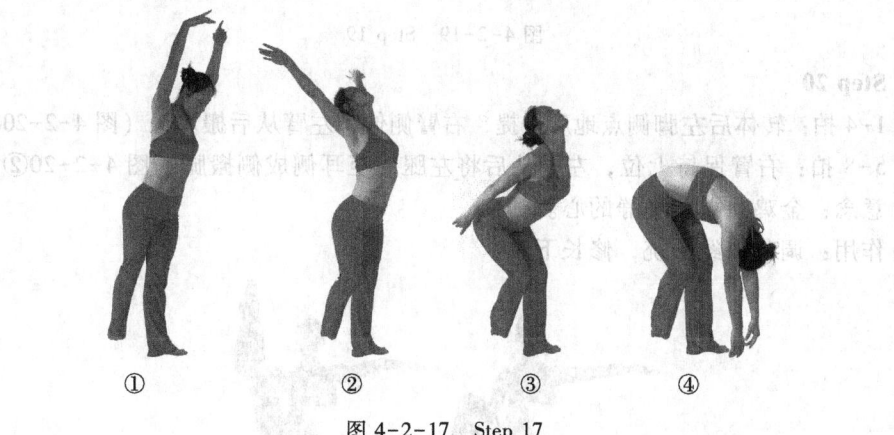

图4-2-17　Step 17

Step 18

1-4拍：左腿保持外开，右脚尖向侧点地平踏，两手臂于胸前交叉（图4-2-18①）。

5-8拍：保持姿势，双手前后波浪向下压一次（图4-2-18②③）。

意念：美人鱼的侧腰线条。

Step 19

1-4拍：右脚向前上一步，右臂同时稍由侧向前至二位（图4-2-19①）。

5-8拍：右腿屈膝提踵转体360°，左脚于侧后伸直，双手放于腿两侧，自然站立（图4-2-19②~④）。

意念：遥远。

图4-2-18　Step 18

图4-2-19　Step 19

Step 20

1-4拍：转体后左脚侧点地后上提，右臂侧伸，左臂从后搬左腿（图4-2-20①）。

5-8拍：右臂保持七位，左臂从后将左腿搬至耳侧成侧搬腿（图4-2-20②）。

意念：金鸡独立，平静的心。

作用：调节神经系统，修长下肢。

图4-2-20　Step 20

Step 21

1-4拍：右臂从上拉住左腿成侧搬腿，左臂向侧伸直（图4-2-21①）。

5-8拍：转髋变成前搬腿，双手抓住左脚踝，保持姿态（图4-2-21②）。

意念：生命之树，挺拔屹立。

图4-2-21　Step 21

Step 22（四拍）

1-8拍：右腿为支撑腿，左脚下落直接巴塞吸点于右膝盖内侧，右手向侧远伸，左手扶于后腰部，头往右偏，重心向右倒（图4-2-22）。

意念：一支待发的弓箭。

Step 23

1-4拍：左脚向前迈一步，右腿跟并步跳起，同时两臂向上抬至二位（图4-2-23①）。

5-8拍：左腿落，右腿上步，同时起左腿在前的大跨跳，右臂在前，左臂在侧（图4-2-23②）。

意念：一只飞翔的鸽子，飞向美好的前方。

图4-2-22　Step 22　　　　　　图4-2-23　Step 23

Step 24

1-4拍：上左脚，右臂搬右腿做后平衡，左手向前方伸出（图4-2-24①②）。

5-8拍：慢慢向下伸，同时保持姿势（图4-2-24③）。

意念：一只丹顶鹤。

作用：消除疲劳，锻炼胸部、腹部，修长四肢。

图 4-2-24　Step 24

Step 25

1-4 拍：右脚落，上左脚，并步后做屈腿接环跳，两手向后展开（图 4-2-25①②）。

5-8 拍：下落成右腿跪地，左腿屈膝，两手扶地，同时低头含胸（图 4-2-25③）。

意念：美丽的金光灿灿的日出景象。

图 4-2-25　Step 25

Step 26

1-4 拍：保持下肢姿势，右手臂慢慢向上抬波浪（图 4-2-26①）。

5-8 拍：左臂慢慢向上抬波浪（图 4-2-26②）。

作用：修长上肢，减少赘肉。

图 4-2-26　Step 26

Step 27

同 Step 26。

Step 28

1-4 拍：臀部坐地，接着向左坐转 180°，同时双手后撑，两腿左右分开（图 4-2-27①~④）。

5-8 拍：跪坐双手扶地（图 4-2-27⑤）。

意念：寻找生命之源。

图 4-2-27 Step 28

Step 29

1-4 拍：跪立起，右臂波浪抬起（图 4-2-28①）。

5-8 拍：左臂波浪抬起（图 4-2-28②）。

作用：修长上肢，减少赘肉。

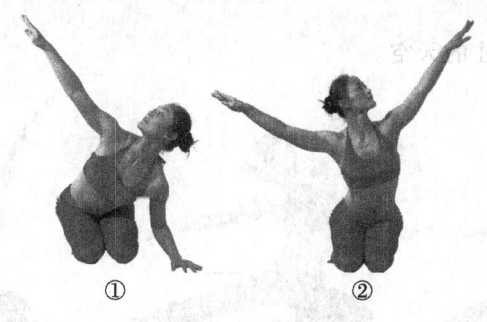

图 4-2-28 Step 29

Step 30

1-4 拍：左腿向后伸直，上身向右膝方向下趴，低头挺胸，双手自然向后伸（图 4-2-29①）。

5-8 拍：右腿跪立起，左腿侧后伸，双手由下慢慢抬起，抬头挺胸（图 4-2-29②③）。

作用及意念：心神平静，开发直观感受的能力，感受一往无前、充满希望的健康生活。

图 4-2-29　Step 30

Step 31

1-4 拍：向下坐后，收回左脚，双手交叉于胸前（图 4-2-30①②）。

5-6 拍：左脚向后伸直，左手向后伸直（图 4-2-30③）。

7-8 拍：右手撑于地面，左手经上方向前盖（图 4-2-30④）。

意念：回归初始。

图 4-2-30　Step 31

Step 32

1-4 拍：左脚保持后伸，左手向后侧伸，右手向前上方伸（图 4-2-31①）。

5-8 拍：右手由七位经脸前划一圈后向前上方伸，左臂保持不动（图 4-2-31②③）。

意念：飞向你向往的天空。

图 4-2-31　Step 32

Step 33

1-8 拍：向后坐，左腿屈，左脚尖点于侧前方，同时左手后扶地，右臂从内经下向前上方伸直（图 4-2-32①②）。

意念：看到隆冬季节，雪花飞舞，松柏巍然挺立。

图 4-2-32　Step 33

第三节　形体素质训练

一、柔韧训练

（一）柔韧训练的目的及内容

柔韧训练是形体美的关键所在，它能使韧带拉长，使僵硬紧绷的肌肉得到放松，扩大各关节的运动幅度，提高机体的工作能力，减少运动损伤的发生，能使各关节从僵硬状态下松弛下来，避免脂肪过量堆积，还可以预防和矫正不良体姿，如头部前倾、溜肩、高低肩、驼背等。

柔韧训练基本上有两种：静力拉伸和动力拉伸。静力拉伸是缓慢进行的拉伸，如压腿、控腿，静力拉伸比较温和，不易拉伤肌肉等软组织，而且能量消耗小。动力拉伸较为激烈，如踢腿、甩腰等，但动力拉伸对提高肌肉的能力有显著效果，能量消耗大，更利于消除脂肪。（动力性拉伸见本书第三章第二节把杆训练）在形体柔韧训练中，应把静力拉伸与动力拉伸结合起来，一般在动力拉伸之后，再做一些静力拉伸，防止软组织损伤。

形体柔韧训练包括地面练习和地上练习两部分。地面练习以躺、卧、坐、压、耗、掰、开、绷、直、拧、倾、曲为主，是针对身体各关节的韧带和肌肉进行拉伸练习；地上练习是以压、撕、吊、踢、拧、倾、曲为主，主要是为了扩大关节的幅度，使关节上的韧带和附于关节周围的肌肉具有更强的弹性力量。形体柔韧训练的部位包括肩、腰、髋、腿等。

（二）柔韧训练的方法

1. 前韧带

（1）方法一：练习者双腿并拢坐于地面，上体拉直且尽量贴向双腿，稍抬头。同伴将双膝顶于练习者后腰部，双手按其腰背部，向前下方施力并震颤（图 4-3-1）。

练习要求：练习者双膝紧贴地面，身体尽量前伸。

（2）方法二：练习者姿势同方法一，练习者将手臂向后反转，同伴抓住练习者肘关节处，向前下方用力震颤（图 4-3-2）。

练习要求：施力者从外抓住练习者的肘关节。

▶ 观看柔韧练习视频

图 4-3-1　前韧带（方法一）

图 4-3-2　前韧带（方法二）

（3）方法三：练习者双腿并拢坐于地面，双腿伸直，勾脚尖，同伴面向练习者而坐，屈膝，两脚顶住其脚底，并拉住练习者两手并向后用力拉伸（图 4-3-3）。

练习要求：练习者双膝紧贴地面，身体尽力向前倾。

（4）方法四：练习者双腿距离同肩宽，上体拉直尽量贴于双腿，稍抬头，双手由胯下向后伸出。同伴坐于地面，双脚踩住练习者的臀折线后，双手拉住其伸出的手并向后拉（图 4-3-4）。

练习要求：练习者双膝立直，不能弯曲，身体尽力拉长后伸。

图 4-3-3　前韧带（方法三）

图 4-3-4　前韧带（方法四）

2. 竖叉

（1）方法一：练习者两腿前后呈一字分开，左腿在前，上身垂直于地面，双手上举。同伴站于后方，右脚踩练习者右后臀折线，微微震颤（图 4-3-5）。换右腿在前练习，动作要领同上。

练习要求：练习者的前后腿尽量伸直，上体尽量保持正直。

图 4-3-5　竖叉（方法一）

(2) 方法二：

① 搬前腿：练习者平躺于地面，左腿上抬，绷脚尖。同伴一腿跪于地面，一手抵住练习者右大腿根处，另一手按住其脚踝，向下震颤至练习者最大限度停住（图4-3-6）。换腿练习，动作要领同上。

练习要求：练习者两腿尽量伸直，放松。同伴站位要正确。

② 搬旁腿：练习者侧躺，同伴搬其前腿，左腿伸直成旁腿，同伴搬腿使练习者一腿靠近头部（图4-3-7）。

练习要求：练习者两腿尽量伸直，放松，膝盖、脚背方向要正。同伴站位要正确，同时将练习者的腿向耳侧方向下压。

图4-3-6 搬前腿

图4-3-7 搬旁腿

③ 搬后腿：练习者跪撑，右腿后伸放在同伴的右肩上，同伴一手从后面扶住练习者肩部，一手扶住其右膝，使练习者的肩和右腿尽量相互靠拢（图4-3-8）。换腿练习，动作方法同上。

练习要求：练习者保持挺胸、直膝、绷脚，支撑腿的大腿始终与地面保持垂直。同伴要柔和用力。

3. 横韧带

(1) 方法一：练习者两腿自然分开，上身尽量向前趴，贴于地面。同伴双膝顶住练习者腰部，双手按其背部，向前下方施力震颤（图4-3-9）。

图4-3-8 搬后腿

练习要求：练习者双腿紧贴地面，膝盖和脚背方向朝上，保持外开。同伴上体前伸，稍抬腿。

侧面　　　　　　　正面

图4-3-9 横韧带（方法一）

（2）方法二：练习者平躺于地面，双腿收起，大腿、小腿夹角为90°，同时两腿分开，绷脚。同伴两手按住练习者膝盖并向下施力震颤（图4-3-10）。

练习要求：练习者收起的大腿应垂直于腰部，髋部放松。

侧面　　　　　　　　　　　　　正面

图4-3-10　横韧带（方法二）

4. 肩胸韧带

（1）方法一：练习者趴于地面，两手向前伸直，同伴两脚分开站于练习者后部，两手抓其肘关节，向上稍稍拉起，同时用膝关节顶其肩胛骨中间，双手与膝反方向用力（图4-3-11）。

练习要求：练习者的头部尽量向下低，尽量不屈肘。

侧面　　　　　　　　　　　　　正面

图4-3-11　肩胸韧带（方法一）

（2）方法二：练习者坐于地面，上体挺直贴向双腿，两手于背后交叉。同伴双膝顶练习者背部，双手推按其肘关节，向前施力震颤（图4-3-12）。

练习要求：练习者双膝紧贴地面，身体尽量前伸。

（3）方法三：练习者趴于地面，同伴双手拉住练习者双手并向上稍稍拉起，脚踩其肩胛骨中间，手与脚反方向用力（图4-3-13）。

图4-3-12　肩胸韧带（方法二）　　　　图4-3-13　肩胸韧带（方法三）

练习要求：练习者的头部尽量向下低，不屈肘。

（4）方法四：练习者双腿并拢，坐于地面，腿伸直，两手侧平举打开。同伴拉住练习者双手，一脚顶住其肩胛骨中间，手与脚反方向用力（图4-3-14）。

练习要求：练习者肩摆正，不能扣肩、转肩。

（5）方法五：练习者双腿并拢，坐于地面，腿伸直，两手向上举。同伴抓住练习者肘关节处，膝盖顶住其肩胛骨中间，手与脚反方向用力（图4-3-15）。

练习要求：练习者坐立时塌腰，挺胸，稍低头。

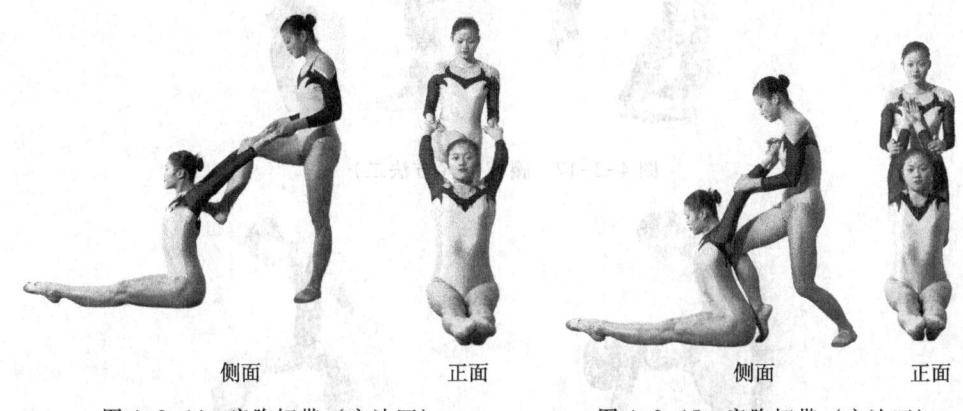

侧面　　　　　　正面　　　　　　　　侧面　　　　　　正面

图4-3-14　肩胸韧带（方法四）　　　图4-3-15　肩胸韧带（方法五）

5. 腰韧带

（1）方法一：练习者俯卧地面，同伴拉住其双手并向后轻拉（图4-3-16）。

练习要求：练习者放松腰部，胸部前顶，稍抬头，肘关节不能屈。

图4-3-16　腰韧带（方法一）

（2）方法二：两人面对面站立，同伴扶练习者腰部，练习者向后甩腰（图4-3-17）。

练习要求：练习者首先要向后抬头，肩胸向后下方仰，手臂尽量伸直。同伴的一脚放于练习者两脚中间。

（3）方法三：练习者跪于地面，同伴站其对面，扶练习者腰部，练习者向后甩腰（图4-3-18）。

练习要求：练习者首先要向后抬头，肩胸向后下方仰，手臂尽量伸直。

（4）方法四：练习者拱桥，两手着地或两臂弯曲交叉，肘关节着地。同伴扶练习者腰部，轻轻向前施力（图4-3-19）。

图4-3-17　腰韧带（方法二）

图4-3-18　腰韧带（方法三）　　　图4-3-19　腰韧带（方法四）

6. 脚尖

（1）方法一：练习者坐于地面，伸直双腿，勾脚尖。同伴一手按住练习者膝关节，另一手抓住其脚底，向练习者膝盖方向施力（图4-3-20）。

（2）方法二：练习者坐于地面，伸直膝盖，勾脚尖。同伴一手按住练习者膝关节，另一手按住其脚尖（绷脚），向下施力（图4-3-21）。

练习要求：练习者的膝盖不能弯曲，上体坐直。

图4-3-20　脚尖（方法一）　　　　图4-3-21　脚尖（方法二）

（3）方法三：练习者两脚脚尖或一脚脚尖与地面接触，向下用力（图4-3-22）。

练习要求：练习者绷脚的脚背触地，胫骨和脚背呈一条直线，不弯曲。

双脚　　　　　　单脚

图 4-3-22　脚尖（方法三）

二、力量训练

力量练习，通常是将各部位分解练习，并且需在全身运动 20~40 分钟后，对各部位反复进行练习才有效果。

分解练习会消耗能量，规范地进行分解练习，能够使肢体均匀发展，皮下脂肪减少，肌肉线条清晰而富有弹性，关节灵活，同时还可以防止身体机能和肌肉老化，预防和克服各部位的畸形发展或疾病形成，最终可达到塑造形体，保持健康体质和优雅体态的效果。

观看力量练习视频

1. 胸部

（1）两手距离比肩稍宽，手伸直撑于地面，与地面垂直，双腿并拢，屈膝跪于地面，上体保持平直，双手肘关节夹住腰部，并有节奏地弯曲（图 4-3-23）。如此反复练习。

图 4-3-23　胸部（1）

（2）两手距离比肩宽，手臂伸直撑于地面，与地面垂直，双腿并拢伸直，身体保持平直，双手有节奏地弯曲（图 4-3-24）。如此反复练习。

图 4-3-24　胸部（2）

（3）仰卧，两臂向上伸，垂直于地面，两臂伸直缓缓向两侧放下（图 4-3-25）。如此反复练习。

图 4-3-25 胸部（3）

2. 臂部

（1）准备姿势为两腿分开，与肩同宽，上体保持直立姿势，肘关节夹住腰部；手臂有节奏地向肱二头肌缓缓贴近（图 4-3-26）。如此反复练习。也可利用矿泉水瓶做此项练习。

图 4-3-26 臂部（1）

（2）准备姿势同上，肘关节夹住腰部，两手有节奏地依次向大臂靠近（图 4-3-27）。如此反复练习。

图 4-3-27 臂部（2）

（3）准备姿势同上，两臂伸直，在额状轴上划圈（图 4-3-28）。如此反复练习。

图 4-3-28 臂部（3）

（4）准备姿势同上，肘关节弯曲，打开至水平处，再向下伸直（图 4-3-29）。如此反复练习。

图 4-3-29 臂部（4）

（5）准备姿势同上，两臂侧平举，伸直后回收至屈肘平举（图 4-3-30）。如此反复练习。

（6）双腿分开比肩宽，身体向左倾，左手自然摆放，右手肘关节由屈肘抬至水平处，缓缓伸直（图 4-3-31）。换左手臂练习，动作同右手臂，如此反复练习。

图 4-3-30 臂部（5）　　　　　图 4-3-31 臂部（6）

3. 腹部

（1）上腹练习。仰卧，双手抱头，双腿屈膝，脚并拢，脚掌着地，上体用力快速向上抬起（图 4-3-32）。如此反复练习。

图 4-3-32　腹部（1）

（2）下腹练习。仰卧，两腿并拢伸直，用力向上举起至与地面垂直后，再慢慢放下（图 4-3-33）。如此反复练习。

（3）下腹练习。仰卧，上体后倾，两臂（或两肘）弯曲于体后撑地，两腿弯曲，呈踩单车状，依次蹬摆（图 4-3-34）。

图 4-3-33　腹部（2）　　　　　　　　　　图 4-3-34　腹部（3）

（4）仰卧，双手上举，两腿并拢伸直，两手与两腿同时向上举起（图 4-3-35）。

图 4-3-35　腹部（4）

（5）仰卧起，异侧上下肢尽量贴近（左肩与右膝、右肩与左膝），两侧依次练习（图 4-3-36）。

图 4-3-36　腹部（5）

（6）俯卧，两肘关节弯曲撑于地面，身体离开地面（不能翘臀），双膝伸直，双脚脚背触地，保持姿势不动（图4-3-37）。

4. 腰背部

（1）俯卧，双手臂前伸，上体和双腿用力上抬，成两头翘（图4-3-38）。双腿可并拢，也可稍分开。

图4-3-37　腹部（6）　　　　图4-3-38　腰背部（1）

（2）俯卧，双臂屈肘撑地，大臂与地面垂直，上体尽量立直，腹部触地，一腿用力向上抬起至最大限度，膝盖和脚背尽量外展（图4-3-39）。两腿交换，如此反复练习。

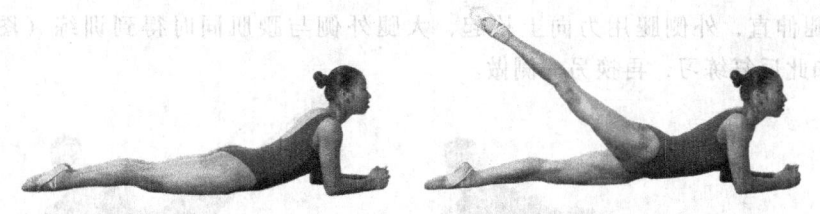

图4-3-39　腰背部（2）

（3）直角反背弓，双手于体后撑地，髋部向上顶，身体充分伸展，控制姿势，静止20秒（图4-3-40）。

（4）俯卧，两臂前伸，两腿尽最大限度向后抬起（图4-3-41）。

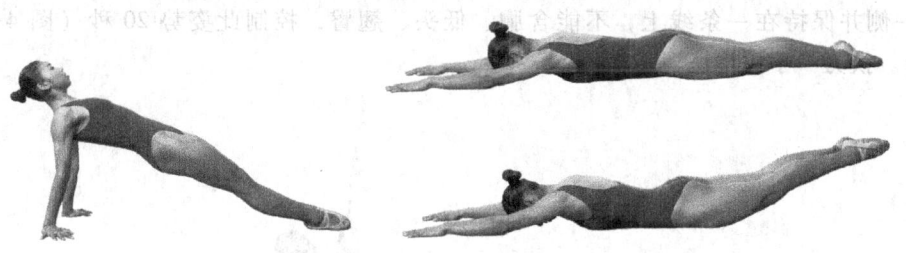

图4-3-40　腰背部（3）　　　　图4-3-41　腰背部（4）

（5）仰卧，双臂沿地面伸直，双腿并拢伸直，并最大限度向上抬起（图4-3-42）。

（6）俯卧，双手上举，两腿并拢伸直，起上半身后再起下半身（图4-3-43）。上下半身依次起，如此反复练习。

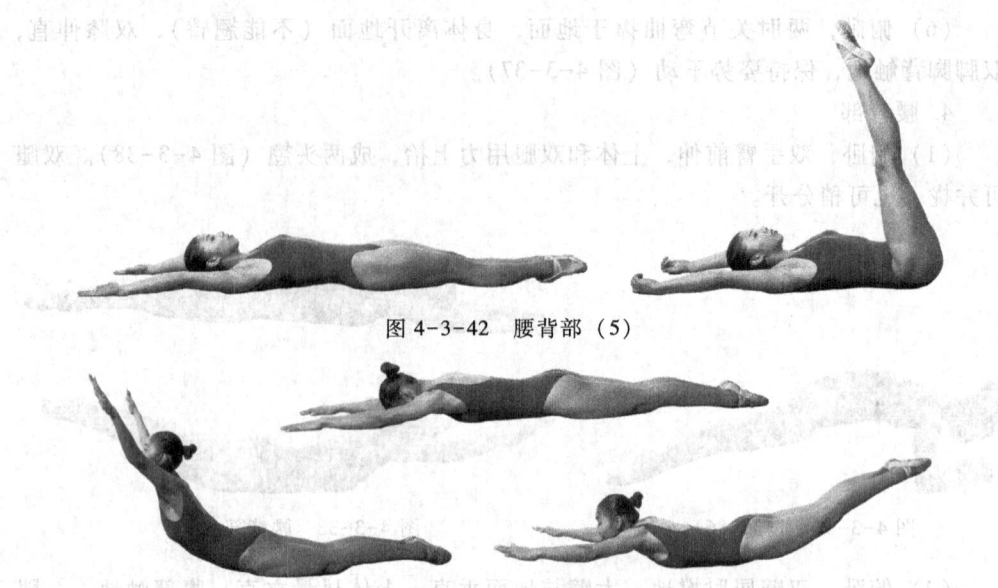

图 4-3-42　腰背部（5）

图 4-3-43　腰背部（6）

5. 侧腰肌

（1）侧躺于地面，一手臂屈肘撑于地面，另一手臂放在体前地面上以保持平衡，双腿伸直，外侧腿用力向上抬起，大腿外侧与腰肌同时得到训练（图 4-3-44）。如此反复练习，再换另一侧做。

图 4-3-44　侧腰肌（1）

（2）侧躺于地面，一手垂直撑于地面，另一手臂上举以保持平衡，身体远离地面一侧并保持在一条线上，不能含胸、低头、翘臀，控制此姿势 20 秒（图 4-3-45）。换另一手撑地练习。

图 4-3-45　侧腰肌（2）

（3）单手垂直撑于地面，保持身体正直，上举的手臂向前压，顺势下倒，身体保持一条线，双肘撑地，再转体90°后成肘撑地面（图4-3-46）。换另一手撑地练习。

图4-3-46 侧腰肌（3）

6. 大腿内外侧

（1）坐于地面，上体微微后仰，双手伸直撑于身体后侧，双腿伸直离地，与地面交角不大于30°，做开合练习（图4-3-47）。如此反复练习。

图4-3-47 大腿内外侧（1）

（2）坐于地面，双手后撑于地面，双腿伸直，左右分开，向上举起约45°，左右腿向内做交叉摆动（图4-3-48）。如此反复练习。

图4-3-48 大腿内外侧（2）

（3）侧卧，一手臂屈肘撑于地面，另一手臂保持平衡放在体前地面上，双腿伸直，靠近地面的大腿内侧用力向上抬起（图4-3-49）。

图 4-3-49 大腿内外侧（3）

（4）坐于地面，双手微屈后撑于地面，双腿伸直，左右向两侧分开至最大限度（图 4-3-50）。如此反复练习。

正面

侧面

图 4-3-50 大腿内外侧（4）

（5）坐于地面，双手微屈后撑于地面，双腿弯曲于胸前，向下屈膝分开至最大限度（图 4-3-51）。如此反复练习。

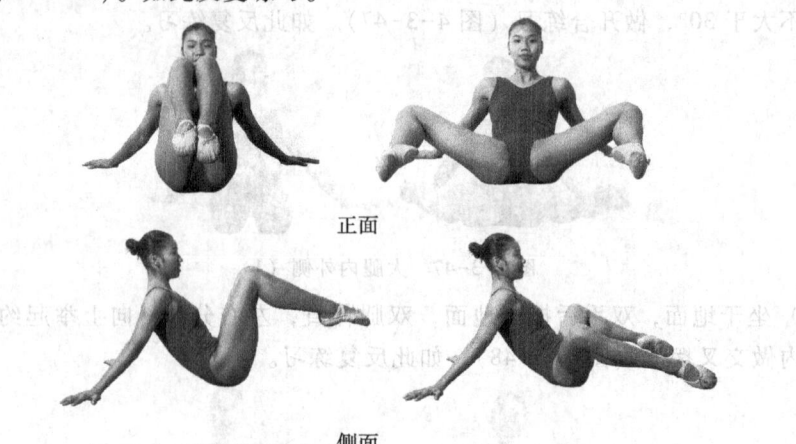

正面

侧面

图 4-3-51 大腿内外侧（5）

（6）站立姿势，双手扶腰，身体立直，左腿为支撑腿，右腿向前方上举45°后，再放下（图 4-3-52）。如此反复练习，再交换腿做。

（7）站立姿势，双手扶腰，身体立直，右腿为支撑腿，左腿向侧方上举45°后，再放下（图 4-3-53）。如此反复练习，再交换腿做。

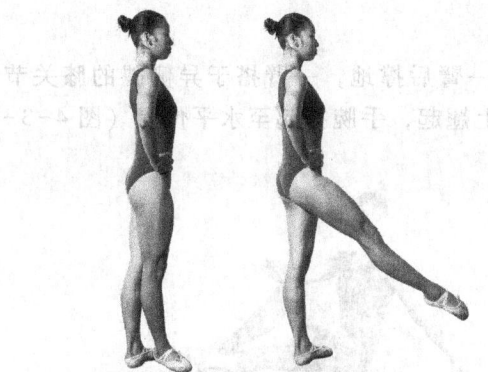 

图 4-3-52　大腿内外侧（6）　　　图 4-3-53　大腿内外侧（7）

（8）站立姿势，双手扶腰，身体立直，右腿为支撑腿，左腿在正后方上举 45°后，再放下（图 4-3-54）。如此反复练习，再交换腿做。

7. 脚踝

（1）站立，膝盖绷直，双脚并拢，用脚踝力量向上立起，要求快速并短暂，然后慢慢放下（图 4-3-55）。

图 4-3-54　大腿内外侧（8）　　　图 4-3-55　脚踝（1）

（2）站立，经半蹲跳起离开地面。利用脚踝力量向上跳起，跳起时双脚并拢，上体、腰腹、膝盖保持正直（图 4-3-56）。

（3）站立，右腿为支撑腿，右腿从伸直到弯曲（图 4-3-57）再立起。如此反复练习，再交换腿做。

图 4-3-56　脚踝（2）　　　图 4-3-57　脚踝（3）

8. 手腕

（1）站立或坐立姿势，以坐立为例，一臂后撑地，一臂搭于异侧腿的膝关节处，向下压腕，然后利用手腕力量尽量向上翘起，手腕抬起至水平位置（图4-3-58）。如此反复练习，再换另一手腕做。

图 4-3-58　手腕（1）

（2）基本动作同（1），小臂抬起至水平位置时，利用手腕力量使手腕沿顺时针方向或逆时针方向旋转（图4-3-59）。如此反复练习，再换另一手腕做。

图 4-3-59　手腕（2）

课后练习题

1. 练习形体舞蹈。
2. 练习形体瑜伽。
3. 练一练形体素质训练动作。

第五章 形体健身计划

第一节 室外健身计划

一、周健身计划

星期	内容		运动量
每周锻炼三次，每次锻炼时间可以安排在早上或傍晚。若遇到下雨就顺延，只要坚持一个月，就能体会到运动带来的快乐			
周一	慢跑 20~25 分钟 400 米的跑道跑 6~8 圈 总计：2 400~3 200 米	各部位拉伸练习时间约 30 分钟，详见"次锻炼计划"第二部分和第三部分	中等运动量
周二	休息、调整：可消除因运动造成的机体疲劳，补充机体消耗的能量		
周三	慢跑 15~20 分钟 400 米的跑道跑 4~6 圈 总计：1 600~2 400 米	各部位拉伸练习时间约 30 分钟，详见"次锻炼计划"第二部分和第三部分	小运动量
周四	休息、调整：在消除肌肉疲劳的同时，机体需要足够的时间来恢复和补充锻炼中所消耗的能量		
周五	慢跑 30~45 分钟 400 米的跑道跑 8~12 圈 总计：3 200~4 800 米	各部位拉伸练习时间约 30 分钟，详见"次锻炼计划"第二部分和第三部分	大运动量
周六	休息、恢复调整		
周日	休息或进行其他运动：运动对机体产生的作用是不能储存的，如果参加锻炼后 48~72 小时还不进行再次锻炼，间隔时间过长，上次锻炼对机体产生的作用就会逐渐减弱，达不到锻炼效果		

二、次锻炼计划

低强度、有节奏、持续时间较长的慢跑是有氧运动，它消耗的是体内的糖和脂肪。慢跑的时间至少需要 30 分钟，最多可跑 1 小时。30 分钟以上的慢跑不但能大量消耗体内的糖原，而且还要动用体内的脂肪。慢速长跑的运动强度不剧烈，不会使机体过分缺氧，有助于脂肪的消耗，能预防大脑老化，改善神经系统、心血管系统、呼吸系统和消化系统的功能，从而达到健身和塑形的目的。

第一部分：慢跑（20~25分钟）

在两千多年前的古希腊崖刻上，有这样一句话："如果你想健壮，跑步吧！如果你想健美，跑步吧！如果你想聪明，跑步吧！"慢跑属于有氧运动，是一种安全的运动形式。

慢跑，贵在坚持。

1. 跑步的方法

跑步姿势要正确。有的人跑步时，习惯全脚掌着地，打得地上"啪啪"响。这样容易造成脚跟筋骨和小腿肌肉受伤且可能会损害后脑神经。

正确的跑步姿势应该是：两眼注视前方，肩部适当放松。摆臂应是以肩为轴的前后动作，左右动作幅度不超过身体正中线。手指、腕与臂应是放松的，肘关节弯曲角度约为90°。收腹提臀，身体略微前倾，躯干不要左右摇晃或上下起伏太大。脚落地时膝关节保持微弯曲，不要挺直，这样膝关节具有缓冲作用，还能拉伸小腿，对小腿肌肉的刺激也不强烈。

跑步时的呼吸方式应为有节奏的腹式呼吸，呼吸要和跑步的节奏相吻合。慢速跑时一般为三步一呼、三步一吸，中速跑时为两步一呼、两步一吸。呼吸时，尽量用鼻和半张开嘴（舌尖卷起，微微舔上颚）同时进行。

2. 跑步的注意事项

（1）体重较重需要减肥的人，自身的重量对关节的冲击会比较大，对膝关节和踝关节都会造成伤害，因此不适合长期单一的慢跑运动，可以选择椭圆仪、登山机、划船机、自行车来进行有氧减脂运动。

（2）具有高血压、心血管疾病的人，最好选择散步作为健身方式。

（3）有急性支气管炎、肺炎、肺气肿、严重肺结核、高血压、心脏病的患者不宜进行慢跑。

（4）跑步时出现以下症状应立即停止运动：心绞痛、胸痛、心跳显著加快、头痛、恶心、脸色苍白、出冷汗、步态不稳等。

（5）没有体育锻炼习惯的中老年人，尽量在医师、教练指导下进行身体锻炼。

第二部分：拉伸练习（约20分钟）

在慢跑之后，需做一些拉伸练习，这样不仅可以提高关节、肌肉的灵活性和柔韧性，还可以降低运动中受伤的概率，进而促进运动能力的提高。

慢跑后常进行的拉伸运动如下：

1. 跟腱拉伸练习

即使采取了正确的跑步姿势，在慢跑期间或结束的时候仍会感觉小腿有"膨胀感"。这是因为跑步后，小腿疲劳、乳酸分泌引起肌肉发僵、发硬而产生的紧绷感。所以在慢跑后要尽快伸展和牵拉（图5-1-1）跟腱、小腿和膝盖后侧。这样的动作能预防大腿肌肉拉伤，并为后续的深度拉伸动作做准备。

2. 旋外练习

这个动作可使髋关节、膝关节、踝关节充分外展，体验双膝外旋，下肢外旋、外开的感觉，同时能够最大限度地使脚踝缩紧，提高踝关节的灵活性（图5-1-2）。此动作还可辅助治疗髋关节或膝关节僵硬、关节间隙变窄、关节邻近肌肉萎缩等。

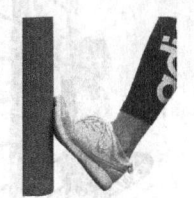 

图 5-1-1　跟腱拉伸练习　　　　　图 5-1-2　旋列练习

3. 髋关节拉伸练习

利用髋部前顶震颤的力量，使髋关节、大腿内侧肌群和大腿前肌群充分舒展（图5-1-3）。

4. 肩部拉伸练习

经常练习以下动作，可使肩部肌肉、肩关节的灵活性、柔韧性、力量得到改善，还可预防肩部疾病。

（1）低头压肩部，纵深方向拉伸肩部（图5-1-4）。

图 5-1-3　髋关节拉伸练习　　　　　图 5-1-4　低头压肩

（2）抬头拉肩部和胸部，纵深方向拉伸肩部（图5-1-5）。

（3）横向拉伸肩胸（图5-1-6）。

图 5-1-5　抬头拉肩部和胸部　　　　图 5-1-6　横向拉伸肩胸

（4）横向拉伸肩关节（图5-1-7）。

（5）反向拉伸肩关节（图5-1-8）。

图 5-1-7　横向拉伸肩关节　　　　图 5-1-8　反向拉伸肩关节

5. 悬挂与倒立练习

在做完以上动作后，身体从相对剧烈运动的状态过渡到相对平和的状态，这时，就可以试着做悬挂和倒立。一定要注意，不能在慢跑一结束就做倒立，那样容易引起心悸、晕眩等。

（1）悬挂。双手或双脚架在一定高度的单杠上，使人悬挂即可（图5-1-9）。每次悬挂几分钟。悬挂可缓解疲劳，放松腰部肌肉，还可以治疗腰背痛，使脊椎活动范围扩大，减少腰椎、颈椎及腰脊肌的劳损。

图 5-1-9　悬挂

（2）倒立。在做倒立准备时，要把力量都集中到两手上，这样有助于保持平衡。倒立时，需控制臀部位置和腿下落的速度（图5-1-10）。根据自身情况选择倒立方法。

倒立的好处有：

① 身体倒转时心脏得以休息，减轻心悸情况。

② 倒立可以将血液送往头部，活化脑细胞，消除疲劳，令头脑清晰。

③ 身体倒转过来可以防止内脏下垂。

④ 活化脑下垂体、松果体及甲状腺等，增加血液内的血红素，强化全身机能。

⑤ 改善失眠、头痛，帮助消化，治疗便秘。

患高血压、心脏病、视网膜脱落及颈椎歪曲、脊椎歪曲者，

图 5-1-10　倒立

以及月经期的女性应避免做倒立。低血压者不宜一开始运动就做倒立。

6. 大腿后肌群拉伸练习

倒立下落后不要迅速站起来，否则会头晕，顺势进行大腿后肌群的拉伸。上臂按压在膝盖上或抓住脚踝使支撑腿挺直，收髋，同时身体尽量向前俯压，以增强膝关节及大腿后肌群的伸展性（图5-1-11）。这个练习也为下一步大幅度的压腿动作做辅助性练习。

图5-1-11 大腿后肌群拉伸练习

7. 压腿练习

压腿有正压腿、侧压腿、后压腿等，其中正压腿是基础。压腿练习常存在以下问题：被压腿和支撑腿未伸直，屈膝，低头，勾腰，急于用头触碰膝盖，这样的练习方法最容易拉伤肌肉。

正确的做法是：双腿伸直，由低到高进行压腿练习。最初，把腿放在与腰同高的肋木上，髋和臀部要正对膝盖，支撑腿外旋保持与地面垂直，并且膝部挺直；被压腿脚尖外旋，手按压膝部，收髋，使身体尽量向前俯压，以增强膝关节后肌群的伸展性。一条腿压几分钟后，可结合自己的实际情况抬高腿的高度。如果腿部韧带较好，可以把腿放在与头同高或比头高的位置（图5-1-12）。一条腿练习完后，适当做几次踢腿动作，再换另一腿同样由低到高压腿，并且踢压相结合。

图5-1-12 正压腿

每次压腿时，身体会对腿部韧带、肌腱、肌肉施加压力。刚开始用力要轻，当练习几分钟后可逐渐加重压力。压腿练习应缓慢拉长肌肉，然后施以振压，振压要一下一下地进行。压腿时还要注意躯干与腿部的接触是由近及远的，不要一开始就用头硬碰脚尖，那样容易拉伤肌肉。

8. 膝关节练习

双腿横跨半蹲，大小腿尽量保持90°。两手向前平举或自然放于腿上，两脚间距略比肩宽，上身保持正直（图5-1-13）。随着练习次数的增加，保持姿势的时间也逐渐增加。

静力蹲动作可治疗或预防膝关节炎等，可以增强关节周围肌肉、韧带等的力量，减轻膝关节的应力负荷，起到保护膝关节的作用。

图5-1-13 膝关节练习

若患有膝关节炎,那么不适合一些动作,如长距离的跑步、快速下蹲、站起等。这些动作会加重膝关节表面软骨的磨损,使病情加重,有时运动过量就会出现膝关节的肿胀,形成膝关节滑膜炎。若患有膝关节炎,应在医生的指导下有效地进行康复运动。

9. 腰肌练习

腰肌练习要根据自身情况循序渐进地进行,且应量力而行。平常运动不足会导致腰部肌肉力量减退,支撑脊椎的肌肉力量退化,就会产生腰痛。下面的动作练习可以锻炼脊椎两侧的腰大肌、腰内侧的腰四方肌,经常练习可防治腰肌劳损。

上体和支撑腿保持正直,摆动腿外旋,用腰部的力量将摆动腿向后上方抬起(图5-1-14)。两条腿交换练习。

图 5-1-14　腰肌练习

第三部分:地面肌肉练习(约 20 分钟)

可在草地、塑胶地垫或瑜伽垫上进行。

1. 髋部练习

双腿盘坐或脚掌相对,双膝向外展开,身体向前下方震颤,双臂尽量远伸;也可由同伴辅助(图5-1-15)。此练习可锻炼髋关节的灵活性,伸展背部肌群。

图 5-1-15　髋部练习

2. 颈椎及颈背肌群的练习

颈椎病是一种常见病。凡长期伏案工作的人会患颈椎病。此外,颈椎的发病还与受寒及环境潮湿等因素有关。要防止颈椎病的发生,除了要纠正不良姿势,注意防潮防冷外,还应加强锻炼,经常活动颈部。

经常练习以下动作能有效地保持颈椎的生理弯曲,一方面可使颈椎保持一定的活动范围,避免关节囊、韧带等软组织退化僵硬;另一方面可使颈部肌肉发达,增加支撑力,避免颈椎劳损。

(1) 后倒练习。上臂上举,颈椎向上伸直,同时两腿尽量伸直紧贴地面。接着,屈颈、弓背、屈臀、屈膝,整个身体顺势向后倒,背部尽量与地面垂直,膝盖微屈于额头附近,双臂尽量向反方向伸(图5-1-16)。这时颈椎的生理弯曲最大限度地被拉伸,肩部的肌肉也被拉长。这个动作可改善颈部的血液循环,松解粘连和痉挛的软组织,预防颈椎病,锻炼颈部。

图 5-1-16 后倒练习

(2) 肩肘倒立。逐渐将双腿向上抬起,脚尖朝上,收紧臀大肌,重心往上提,此时屈双臂,双手支撑腰部,使肘关节与两肩后侧形成四点支撑,调整身体平衡。注意不要憋气,呼吸流畅,保持此姿势15~20秒。开始练习时要在他人协助下完成,熟练后可独立完成(图5-1-17)。当感到失去平衡或支撑时应及时还原。如果觉得此动作难度太大,可以选择不做。

图 5-1-17 肩肘倒立

（3）颈部肌群拉伸。做完上面的动作后，顺势盘腿坐定，双目平视，两手置于体侧后用力下伸，最大幅度地低头，停留片刻，拉伸颈椎肌群，吸气同时抬头后仰，停留片刻（图5-1-18）。反复数次。要求动作舒展、轻松、缓慢，以个人最大活动幅度为宜。

图5-1-18 颈部肌群拉伸

3. 脊柱拉伸练习

背部最主要的结构是脊柱，它是由多块脊椎骨所构成的含有若干关节的柱状结构，在它的内部运行着脊髓，周围包绕着韧带、肌肉、肌腱和筋膜。脊柱并不是一条垂直的直线，而是骨盆以上稍呈S形弯曲，骨盆相对于地面也稍稍倾斜。在做脊柱拉伸练习时，身体呈现的反弓形程度越大，脊柱柔韧性越好，也说明颈椎、胸椎、腰椎、骶部等活动范围较大。若经常加强脊柱肌肉力量练习，可以有效防止腰背疼痛。

动作要领为肩胛骨、胸部尽量向前顶，颈椎骨尽量向下沉；塌腰翘臀（图5-1-19）。

图5-1-19 脊柱拉伸练习

4. 腰腹练习

脊椎两侧的腰大肌，腰内侧的腰四方肌，腹侧的腹直肌、外腹斜肌、内腹斜肌等，均与脊椎的稳定性和活动相关。进行腰腹部练习，可以使身材曲线更加优美，减少大腿和腰腹部的脂肪及赘肉。

练习方法为在他人辅助下或个人独立做两头起（图5-1-20），也可以做左右扭转身体的动作。

图5-1-20 腰腹练习

5. 大腿内侧和髋关节柔韧性练习（横叉练习）

可以两人一组，也可以独立完成。练习者两腿左右伸开，膝盖尽量保持向上，两脚跟着地，脚尖向远处伸展。两手撑地，向前趴，拉长大腿后侧肌肉并充分开胯（图5-1-21）。动作要点为挺腰立背，开胯沉髋；直膝外旋贴地，胸部前俯倾倒。

图 5-1-21　横叉练习

6. 大腿前后侧和髋部柔韧性练习（竖叉练习）

在做竖叉练习时，先做两个辅助练习，以活动髋部和大腿后肌群（图 5-1-22）。

图 5-1-22　准备动作

竖叉练习可两人一组完成，也可独立完成。两腿前后分开成一条直线，前腿的脚后跟、小腿腓肠肌和大腿后肌群压紧地面，脚尖远伸，后腿的脚背、膝盖和股四头肌压紧地面，脚尖指向正后方；髋关节摆正，膝盖尽量外旋。可做上身前俯的拉伸动作，亦可做上身向后压的拉伸动作，动作幅度由小到大，逐渐加大用力（图5-1-23）。

图 5-1-23　竖叉练习

腿劈开到最大限度后，保持 30 秒，然后略微收起，大腿上部的肌肉用力 3~5 秒，让腿用力撑起身体。然后放松，慢慢下压到极限，保持 30 秒，略微用力收起。如此反复练习。练习中，应该是一次可以比一次压得低。练习后多做按摩等动作来放松。此练习开度因人而异。若感觉困难，可以用弓步代替。

7. 脚踝拉伸练习

跪坐，脚背平铺在地面上，双臂自然放于大腿上，身体的重量完全压在脚跟上。慢慢地身体向下震颤，压脚背。接着，重心前移，两手撑地，慢慢地抬起两膝，脚尖触地以最大幅度拉伸脚背（图5-1-24）。

图5-1-24　脚踝拉伸练习

第四部分：结束部分（约5分钟）

敲击身体部分的穴位用来放松。

两腿穴位的拍打顺序：环跳穴、凤市穴、阳陵泉穴、阴陵泉穴、三阴交穴。

上肢穴位的拍打顺序：肩髃穴、辄筋穴、大包穴、曲池穴、偏历穴。

背部穴位的拍打顺序：肩中俞穴、大椎穴、肩外俞穴、天宗穴。

腰臀部穴位的拍打顺序：夹脊穴、胃俞穴、腰阳关穴、长强穴。

第二节　室内健身计划

天气不好或者空气质量不佳时，应减少室外活动时间，将活动范围转移至室内，可以在健身房进行器械练习，也可以跳健身操舞，跳形体舞或做瑜伽。

在健身房可以根据自己的需要制订合适的健身计划。下面展示几组器械训练，可以满足肌肉基本训练的需求。

每个器械的负重重量都需要根据练习者的个人情况来调节，如果有不清楚的地方，要咨询教练或工作人员。

在健身房锻炼时，需要注意：锻炼前都要热身，可以选择在跑步机、脚踏车或滑步机上进行热身运动，运动量逐渐增加，锻炼时不要憋气，找到适合自己的节奏，保持动作平稳有力；时刻注意自己的身体状况，感觉不适应立即停止训练，并咨询现场教练；不要空腹运动，运动前可以吃一些食物，以保证能量的供给。

一、腹部练习

腹肌训练包括腹直肌训练和腹外斜肌训练，同时结合背肌训练可以展现出腹肌的美。在下面器械负重练习中可以很好地锻炼腹直肌。

首先，调节适合自己的负重重量，调整座椅的高度，双手扶把，胸部贴于胸垫上。练习时，腹部用力将垫子推向膝盖，慢慢返回至起始位置（图5-2-1）。重复上述动作。

图 5-2-1　腹部练习

二、背部伸展

首先，调节适合自己的负重重量，将脚踏板、后垫高度调节至合适高度。练习时，将身体向后伸展至极限位置停止，慢慢返回至起始位置，并弯腰用手触摸脚尖（图 5-2-2）。重复上述动作。

图 5-2-2　背部伸展

三、髂腰肌训练

转体机主要练习髂腰肌。首先，调节适合自己的负重重量，调节座椅下方凸轮，找到适当的旋转范围，挺直上身，把前臂放在扶垫上。练习时，控制腹肌使身体旋转至另外一边，慢慢复位（图 5-2-3）。重复上述动作。然后，调整座位下的凸轮，使运动范围换为另一个方向，反方向重复上述动作。

图 5-2-3　髂腰肌训练

四、肩臂训练

肩臂训练不是为了增强手臂的力量，主要目的是为了消耗肩臂部存留的脂肪，避免形成圆肩,给人虎背熊腰的粗壮感。适当的肩臂练习不仅不会把手臂练粗,而且对手臂有很好的塑形效果。

首先要调节适合自己的负重重量,调节座椅的高度和胸垫的高度至合适位置。练习时,抓住器材把手,弯曲手臂将把手拉向身体,慢慢复位(图5-2-4)。重复上述动作。

图 5-2-4　肩臂训练

五、三角肌后拉

此器械不仅是练习手部内侧的三角肌,还能在一定程度上练习胸部。肩部和颈部的状态是女性年轻与否的判断依据。所以这个部位的练习也十分重要。

首先调节适合自己的负重重量,将座位的高度和扶手调节至适当位置。练习时肩肘用力将扶手拉开至水平位置,慢慢复位(图5-2-5)。重复上述动作。

图 5-2-5　三角肌后拉

六、小腿推重

小腿的负重练习能够快速地把小腿肌肉群练起来,而且还能够锻炼膝关节周围的肌肉,有效预防膝关节在运动中受损伤。

首先,调节适合自己的负重重量,调节座椅的位置使膝盖微屈,双手握住座位旁边的扶手。

（1）小腿用力推动座椅，使膝盖完全伸展，慢慢复位（图 5-2-6）。重复上述动作。此动作锻炼小腿肌肉。

图 5-2-6　小腿推重（1）

（2）双腿保持伸直状态，脚尖用力推动座椅，慢慢复位（图 5-2-7）重复上述动作。此动作锻炼小腿跟腱及踝关节周围肌肉。

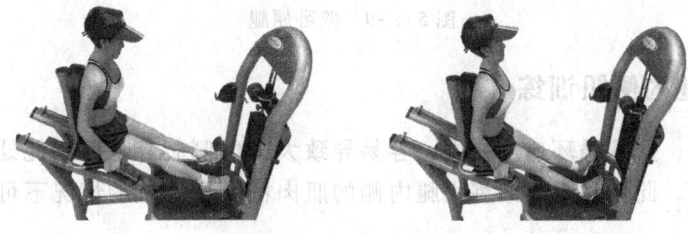

图 5-2-7　小腿推重（2）

七、腿部推蹬

此器械练习股四头肌，可以有效增加膝关节的承受能力，还可以达到减脂塑形的效果。

首先，调节适合自己的负重重量，将座椅调节至合适位置（膝盖大约弯曲90°），将脚放在踩踏板上，两脚与肩同宽。练习时，大腿用力压踩踏板，使膝盖完全伸展，慢慢复位（图 5-2-8）。重复上述动作。

图 5-2-8　腿部推蹬

八、俯卧屈腿

此器械练习大腿的后肌群。大腿腿形的优美主要表现在其前后左右各个方向肌肉群的匀称与协调。大腿肌群的训练主要练习大腿前侧肌群和后侧肌群。另外，不要担心力量训练会把腿练粗，只要注意方式和方法，就能塑造出一双美腿。

首先，调节适合自己的负重重量，调节脚踝后边的腿部垫子和前臂垫子至适当高度。练习时，保持臀部和脊柱不动，尽力屈膝，慢慢地复位（图5-2-9）。重复上述动作。

图 5-2-9　俯卧屈腿

九、大腿内侧肌训练

经常久坐，血液循环速度变慢，容易导致大腿内侧肥胖，而且此处的肌肉一般很难得到锻炼。此器械专门锻炼大腿内侧的肌肉群，在负重的情况下可以达到很好的锻炼效果。

首先，要调节适合自己的负重重量。坐下时，大腿与地面平行，将膝部垫子调节至合适的初始位置，轻轻握住扶手。练习时，把膝盖向中间移动，慢慢复位（图5-2-10）。重复上述动作。

图 5-2-10　大腿内侧肌训练

十、大腿拉伸练习

在负重的情况下使大腿向上伸展到极限，并且在向后摆动中锻炼大腿肌肉的力量。伸拉和收缩的练习也可增加肌肉的弹性，舒展筋骨。

首先，调节适合自己的负重重量，抓住扶手，稳定身形，将靠近器械的腿放在腿部滚轴上。练习时，腿部用力将滚轴下压至身后，慢慢复位（图5-2-11）。重复上述动作。

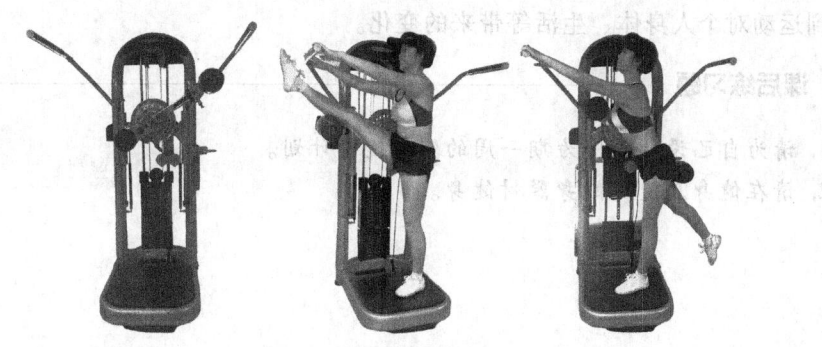

图 5-2-11 大腿拉伸练习

每进行两组器械训练后尽量做一次跳绳。建议每组跳绳 50~100 个,最好根据个人具体情况而定。力量练习之后,肌肉处于紧绷收缩状态,通过跳绳可以有效缓解紧张感,放松肌肉,更好地保证锻炼效果。另外,有氧运动和无氧运动交替训练,可以加快能量的消耗,提高身体的运动机能。

对于不清楚的地方,一定要咨询教练。身体不适的人群应该在医师的指导下进行训练。

第三节　形体健身注意事项

(一) 熟知动作顺序,合理安排时间

锻炼者每次练习都应熟知动作的顺序,先做什么后做什么,以及为什么这样做。在锻炼初期,每个动作可进行 5~10 次,熟练完成后逐渐增加动作练习次数,并加快锻炼的节奏,增加锻炼频率。如果身体感到困难,就循序渐进,量力而行。

(二) 注意呼吸

练习时注意呼吸的节律,保持均匀呼吸。越是注意呼吸的配合,动作的锻炼效果将越明显,容易达到事半功倍的效果。

(三) 远离疼痛

锻炼内容由简入繁进行。同样的动作在肋木上训练和在地面上训练,因为体位的不同会有不同的训练效果和强度。动作拉伸感到疼痛时,应该找找原因,而不是一味地坚持,预防损伤比锻炼更重要。

(四) 坚持锻炼

前面所述的锻炼内容包容了全身各关节及大多数肌肉群的练习。适度、有规律的锻炼不仅可以使各个关节周围的肌肉更有力,使关节得到更强的支持,而且可以使紧张的肌肉得到放松,缓解由于肌肉紧张造成的各类疼痛。

另外,需要注意的是,在各种疾病的急性发作期不宜锻炼,应以休息为主;运动强度应适可而止,在运动过程中还要注意防止关节承受不恰当的应力与受力。

无论是户外运动还是室内健身,都需要根据个人的实际情况进行。例如,进行登山、远足、骑行等户外运动,可以约上好友或者同家人出行,在锻炼身体的同时还能促进情感交流。

运动是一项长期的活动,保持个人的兴趣和爱好,并且坚持下去,相信能逐渐

感受到运动对个人身体、生活等带来的变化。

 课后练习题

1. 请为自己设计一份为期一周的室外健身计划。
2. 请在健身房使用健身器材健身。

进退有度美容止——礼仪塑造篇

"礼仪"从字面意义上来理解，可以分为"礼"和"仪"。"礼"通常是内在的，是指人们对自己、对他人的尊重敬意；而"仪"是外在的，是通过一定的举止、形式、程序等表现出来的。二者是密不可分的统一体。

礼仪训练用来指导大学生在实际生活中如何拥有优雅的坐姿、立姿、行姿和蹲姿；如何按照日常礼仪规范来约束自身行为；如何在职场和商务活动中展现出良好的礼仪形象。

形体礼仪是从审美的角度看礼仪，作为一种形式美，形体礼仪能够通过人的外在表现来呈现内在的心灵美。"诚于中而行于外，慧于心而秀于言"，本篇旨在通过礼仪训练使内在的道德品质与外在的形体礼仪有机地结合起来，塑造大方得体的仪态，增强自信，陶冶情操，从而更好地适应社会、融入社会、奉献社会。

第六章 日常礼仪

礼仪是一个人内在素质、涵养等品质的外在表现形式，包括言行、举止、修养、生活方式、知识层次，等等。良好的礼仪，不仅给人舒适感、美感，同时也对自己的言行有了更高的要求，并且展现出良好的素质。关注自身言行举止，不断修炼、提升自己，使自己内心更加平和，对世界更加宽容。

在日常交往时，首先一定要坦诚和真诚。眼睛是心灵的窗户。在面对面交流时，眼神一定要坦诚，不要躲闪。在日常交往时，不仅要展现内在修养以及外在的形体美和形象美，还要学会用眼神表达自己的独特气质和魅力。

日常礼仪表现在生活的方方面面，本章主要学习微笑礼仪、面试礼仪与接待礼仪。

第一节 微笑礼仪

微笑是绽放在人们脸上的一束美丽的花，能拂去心灵的愁云，能抚慰迷途的失意。它如春风细雨般温润着人与人之间的交流，如阳光雨露般滋润人们的心。善意的微笑，坦诚的微笑，鼓励的微笑，赞赏的微笑……每一次微笑都是一种情感的传递，每一次微笑都是一次灵魂的邂逅。从眉梢翘起的弧度，从嘴角溢出的心情，无声的情感流露胜过千言万语。

舒心的微笑是人际交往的调和油，学会微笑并且保持得体的微笑就显得尤为重要。微笑是可以练习的。有的微笑是尴尬的、僵硬的，无端地使人浑身不舒服。那应该怎样微笑呢？什么样的微笑才能拉近彼此之间的关系呢？如何笑得大方、自然、得体，这都是微笑礼仪的重要内容。

一、微笑的分类

（一）小微笑

放松面部肌肉，使嘴角微微向上翘起，嘴唇微呈弧形。不牵动鼻子，不发出声音，不露出牙齿，轻轻地一笑。小微笑的同时也要配合温柔的眼神，面带善意，给人以亲切感（图6-1-1）。

适合任何交往对象。

（二）微笑

微笑比小微笑稍微夸张一些。放松面部肌肉，使嘴角微微向上翘起，嘴唇呈弧形。不牵动鼻子，不发出声音，露出6~8颗牙（因人而异，有些牙龈比较容易外露的人，可以只露出4颗牙或不露牙齿）。微笑的同时也要配合温柔的眼神，面带善意，给人以亲切感（图 6-1-2）。

适合任何交往对象。

图 6-1-1　小微笑　　　　　　图 6-1-2　微笑

（三）大笑

大笑比微笑再夸张一些。放松面部肌肉，使嘴角完全向上翘起，嘴唇呈弧形。牵动鼻子，发出笑的声音（发出的笑声不要过于夸张），露出 8 颗牙（因人而异，有些牙龈比较容易外露的人，大笑时应用手遮挡口部或少露牙齿）。大笑的同时也要配合温柔的眼神，面带善意，给人以亲切感（图 6-1-3）。

适合在喜庆的场合或遇见开心的事时表现。

（四）夸张的大笑

面部肌肉完全调动，嘴角完全向上翘起，嘴唇呈弧形。牵动鼻子，发出笑的声音（发出的笑声过于夸张），露出 8 颗以上牙齿。大笑的同时也要配合温柔的眼神，面带善意，给人特别开心的感觉（图 6-1-4）。

适合在特别亲近的人面前表现。

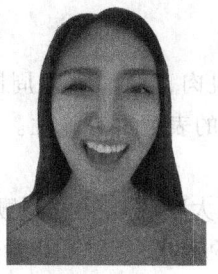 

图 6-1-3　大笑　　　　　　图 6-1-4　夸张的大笑

二、微笑的禁忌

（一）假笑

笑得虚假，皮笑肉不笑，有悖于笑的真实性原则（图 6-1-5）。

（二）冷笑

笑时含有怒意、讽刺、不满、无可奈何、不屑、不以为然等意味，这种笑会使人产生反感和敌意（图 6-1-6）。

（三）怪笑

笑得怪里怪气，令人心里发麻，这种笑会使人反感、不舒服（图6-1-7）。

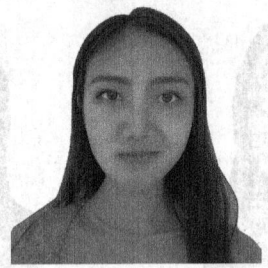

图6-1-5　假笑　　　　　　图6-1-6　冷笑　　　　　　图6-1-7　怪笑

（四）媚笑

一般这种笑都是讨好别人、也非发自内心的，具有一定的功利性。如果女士对男士发出媚笑，就会让对方产生误解，有献媚撒娇之疑（图6-1-8）。

还有窃笑、偷笑、狞笑，等等，这些笑在日常交往中不适用、不可取。

图6-1-8　媚笑

三、微笑的训练方法

（一）第一阶段练习

主要运用"哆来咪"练习法。练习使嘴角肌肉放松，先从低音"哆"开始，大声并清楚地把每个音说三次。例如："哆哆哆，来来来，咪咪咪"，注意要保证正确的发音嘴型。

（二）第二阶段练习

笑容最重要的部位是嘴角。锻炼嘴角周围的肌肉，增加嘴角周围肌肉的弹性，能使嘴角的移动变得灵活，嘴角有生机，使笑起来的表情富有弹性。

1. 方法一

张大嘴，使嘴部周围肌肉最大限度地伸张。张大嘴时能感觉到颚骨有刺激的感觉，保持10秒以上，再紧闭双唇，使嘴部收成圆的形状，保持10秒钟以上（图6-1-9）。反复练习3次。

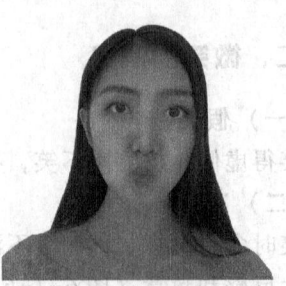

图6-1-9　方法一

2. 方法二

用牙齿轻轻地咬住木筷子，把嘴角对准木筷子，两边唇角都要翘起，观察嘴唇两端的线是否与筷子在同一水平线上，保持这个状态10秒钟（图6-1-10）。在这种状态下轻轻拔出筷子，维持微笑状态。

（三）第三阶段练习

在放松状态下，对着镜子练习不同程度的微笑。微笑分为小微笑、普通微笑和大微笑，在不同的场合面对不同的对象灵活地使用微笑。

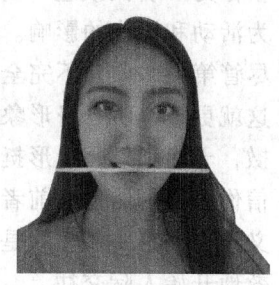

图6-1-10　方法二

1. 方法一

调节嘴角的上扬程度，观察嘴角两边是否歪斜，表情是否自然，并逐渐找到适合自己的微笑（图6-1-11）。

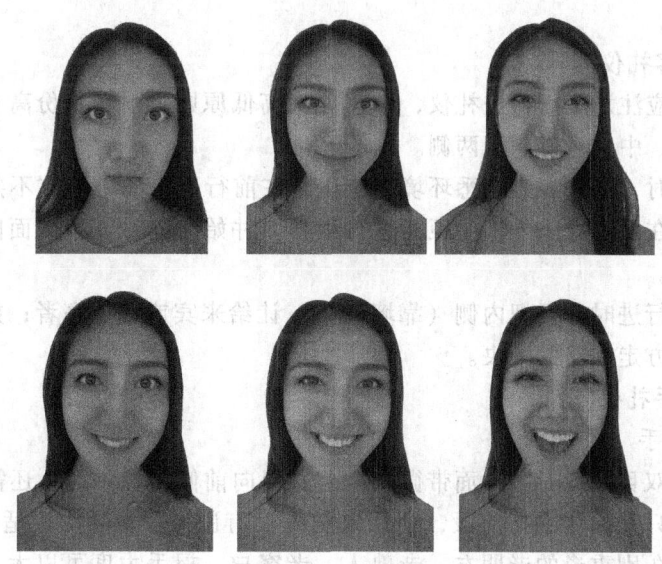

图6-1-11　方法一

2. 方法二

闭上双眼，调动感情，并发挥想象力，回忆美好的过去或展望美好的未来，使微笑源自内心，有感而发（图6-1-12）。

坚持对着镜子练习，使眼睛、面部肌肉、口型等和谐、自然，并且要进行面对人练习，克服羞涩和胆怯心理，使微笑大方、自然，同时可以让人加以评判并及时改进，以达到最好的练习效果。

图6-1-12　方法二

第二节　接待礼仪与面试礼仪

心理学家研究表明：第一印象会在初次见面的45秒钟内就会产生。第一印象又被称为"首因效应",是指我们一开始接收到的信息所形成的印象对人们以后的行为活动和评价的影响。第一印象不容易改变,通常会对人际关系构成重要的影响。尽管第一印象并不完全准确,但第一印象总会在决策时对人的情感因素起主导作用。这就更加说明自身形象的重要性。想象一下,假如你面前站了两个人,一个精神抖擞,干净利索,身形挺拔,妆容得当;另一个萎靡不振,邋里邋遢,弯腰驼背。相信你会很自然地对前者留下好印象,而对后者则本能地想要远离。因此,从某种意义上说,第一印象就是大学生角色转变的敲门砖,只有留下好的第一印象,才能有效地开始人际交往。

如何给人留下美好的第一印象,除了姿态礼仪外,举止礼仪也非常重要。

一、接待礼仪

在日常接待中,如迎接客人、交谈及恭送客人等接待环节,每一个环节都有需要注意的礼仪。

(一)迎客礼仪

在迎客时应注意平面行进礼仪,讲究位次高低原则。前者身份高于后者,内侧身份高于外侧,中央身份高于两侧。

前后行进时,如果客人熟悉环境,应让其在前行进;如果对方不熟悉环境,则陪同者要保持在斜前方1.5米的距离进行引导,并始终让身体稍微面向对方,注意使用手势引导。

两人并排行进时,要把内侧(靠墙一侧)让给来宾或地位高者;如果是在走廊里,则应让对方走在路的中央。

(二)握手礼仪

1. 如何握手

握手时,双目注视对方,面带微笑,上身稍向前倾。握手时,还需要注意虎口对虎口,不要只是握住手指前段,会让人觉得没有诚意。握手力度适中,3秒左右即可。如果是久别重逢的老朋友、老熟人、老客户,握手力度可以大一些,时间长一些,还可以同时伸出左手握住对方右手的手背。面对主人、年长者、身份或地位高者时,应先主动伸手。

2. 握手的次序

多人见面握手时,应遵循先女士后男士、先长辈后晚辈、先近处后远处的握手原则。

3. 注意事项

握手是中国人见面表示友好的一种表达方式,也是用得最多的一种社交行为。通过握手来表达友好的情感,需要注意以下几点:

(1)握手时应用右手。
(2)掌握好力度,不要抓住对方的手半天不放。
(3)握手时不要看着第三者,也不可显得漫不经心。
(4)对方如果主动伸出手来,千万不要拒绝。
(5)当贵宾、长辈、老人主动伸出手来时,最好能快步上前,用双手相握,并热情致意和问候，以示谦卑。

（6）男士握手前，应先脱下手套、摘下帽子，如果实在来不及脱下手套，要向对方表示歉意。女士可以不脱手套。

（7）手上有水或不干净时，应谢绝握手，并向对方做出解释、表达歉意。

（8）与年轻女性或外国女性见面时，男士一般不要先伸手。

（9）年轻者或职务低者在被介绍给年长者或职务高者时，应根据对方的反应行事，若对方用点头致意代替握手，年轻者或职位低者也应随之点头致意，此时切忌主动上前与之握手。

（三）收发名片

1. 名片准备

事先准备好自己的名片，并确保能在需要时顺利取出，切忌不要把自己的名片跟他人的名片或其他物品混在一起。注意选择名片发送对象，不可像发传单一样到处散发自己的名片，把握名片发送时机。如果有发言，则应在讲话之前发送名片。

2. 名片发送

递交名片时，要用双手拇指和食指执名片两角，名片正面朝上。若对方是外宾，则将英文面朝上，并以对方能够顺着读出内容的方向递送。如果你正在座位上，则应起立或欠身递送，手的位置应低于胸部，同时目光要注视对方，面带微笑，大方地说："这是我的名片"，如图 6-2-1。

图 6-2-1 递名片

3. 名片接收

接收名片时，应起身站立，面带微笑地注视对方，双手捧接，并说"谢谢"。如果对方此时说"请多多指教"，你可礼貌地应答一句"不敢当"，然后微笑着从头至尾阅读名片，此时可将对方的姓名和职衔轻轻念出，并抬头看看对方，使对方获得一种受到重视的满足感（图 6-2-2）。接下来应回敬一张自己的名片，如果此时未带名片，应立即向对方表示歉意。

图 6-2-2 接收名片

在接过对方名片后，切忌不看名片就直接收起来，这样会让对方感到你缺少诚意，也切忌乱丢乱放、乱揉乱折、随意把玩，这是无礼的举动。

交换名片后若需坐下来交谈，应将对方的名片放在桌面最显眼的位置。

（四）送客礼仪

客人在提出告辞时，需等客人起身后，再起身相送，切忌等客人还未起身，先于客人起立相送。"出迎三步，身送七步"，是迎送宾客最基本的礼仪。因此，每次待客结束，都要以欢迎"再次见面"的心情来恭送对方回去。

如果客人的物品或行李较多，送客时应帮客人代提重物。与客人在门口、电梯口或车前告别时，要目视客人上车、关电梯门或离开，并用恭敬真诚的态度挥手致意，在电梯门关闭后，或车开出视线外后才可结束告别返回。

（五）告辞礼仪

作为去拜访的客人，应把握辞行时机，注意告辞礼节。告辞时，应主动伸出右手与对方握手告别，并诚挚地表达谢意；当对方目送你离去时，你应礼节性地走几步，然后回头挥手致意，切忌道别后扭头就走，一去不回头。

二、面试礼仪

观看面试礼仪视频

每一位即将毕业的大学生都会面临求职、找工作，此时需要清楚地了解什么是职场礼仪以及职场礼仪的注意事项。在职场礼仪中，行为要得体，穿着要大方，搭配要合理。面试时，男士一般穿西服套装，短发且不得过耳，胡须要剃干净。女士化淡妆，长发要扎好，尽量不戴或少戴首饰。面对面试官时，需要面带自信的微笑，拥有得体的举止以及周全的礼仪。从进门那一刻就已经进入考核范围。无论门是开着的还是关着的都要先敲门，用力要适度，不能小到听不见，也不能大到吓到面试官，有人应答后方可进入考场，并且要随手关门。决定成败的往往是不起眼的细节，知礼、懂礼、守礼会让面试官留下不错的印象。此外，诚实十分重要。面试官问的每一个问题都要实事求是地回答，切忌撒谎或弄虚作假。微笑可以拉近距离，减少陌生感，增强自信心，可以向面试官展示出自信懂礼的一面。

（一）面试见面

1. 准时赴约

守时是对他人的尊重，更是一个人良好素质修养的表现。所以，面试一定要准时。建议提前到面试地点考察，熟悉交通工具、面试地点。面试当天一般提前半小时到，既可以熟悉面试周围的环境，又可以有时间让自己调整心态，稳定情绪，确保面试时发挥正常。

2. 面试接待

到达面试地点后，考核其实就已经开始了。

首先应主动向接待人员问好，并做自我介绍，如"您好，我是×××，贵单位×先生/女士约我今天×点来面试××职位，能否帮忙通知一下，谢谢"。

服从接待人员的统一安排，不要私自离开，如果临时需要去洗手间，须同接待人员说明，以防错过了面试时间。

在整个面试等待过程中，要时刻留意个人的仪态。在图6-2-3中，面试接待和等待过程中，两种明显不同的仪态所表现出来的精神面貌和修养就有天壤之别。

图 6-2-3　两种不同的仪态

（二）面试过程

1. 面试表情

大多数人在面试时都会感到紧张，表情会不太自然。不妨进行深呼吸，不断鼓励自己，并时刻提醒自己保持自信的微笑，将自信和热情"写"在脸上，同时表现出去对方单位工作的诚意。面试时还要注意目光坚定，眼神要大胆地与面试官交流，千万不要游移不定，左顾右盼，否则会让人怀疑你的诚意。注意说话的语气或表情，切忌语气太硬或者表情过于麻木。

当面试官向你介绍情况时，应专注倾听，可以直视其双眼，赞许地点头，或者通过手势、表情等做必要的附和，还可以在适当的时候插入一两句话，如"您说得对""原来是这样"等。

2. 见面试官

一般见面试官有两种情况，一是面试官已在面试室，面试人员轮流进面试室；二是面试人员先在面试室等待，面试官在面试人员入座后再进入。

遇到第一种情况，进门时应先敲门，即使房门虚掩，也应礼貌地轻轻叩击两三下，得到允许后方可进门，记得要轻轻推门而进，然后顺手将门轻轻地关上，切忌用力把门扣上。整个过程要自然流畅，不要弄出大的声音，以显示个人良好的习惯。

遇到第二种情况，应在面试官进来时，面带微笑起身迎接，并做简单的自我介绍。

3. 面试入座

进入面试室后，先向面试官问好，当对方说"请坐"时，一定要说"谢谢"，方可按指定的位置坐下，并保持良好的坐姿。

若是起身向面试官问好，也需要等面试官入座后自己再入座，并保持良好的坐姿。

4. 面试谈话

谈话时要落落大方，回答提问之前，应对自己要讲的话稍加思索，想好之后再说，还没有想清楚的就不说，或少说。回答问题要先思考，若遇到回答不了的问题，可以用两句话缓冲一下，若实在想不出来，首先承认自己不清楚，然后，尽量尝试从相似的问题入手，从另一面解决问题。切忌任意打断面试官的谈话。随意插话，是极不礼貌的行为。

（三）面试离开

当面试官有意结束面试时，要适时起身告辞，面带微笑地表示谢意，与面试官等人道别，离开房间时轻轻带上门。出场时，别忘了向接待人员道谢，告辞。

课后练习题

1. 面试时应如何给面试官留下好的第一印象？
2. 练习迎送及接待宾客的动作及流程。
3. 握手时如何把握力度？

第七章　坐立蹲行训练

坐立蹲行是形体运动时表现出来的基本姿态。科学的形体训练，可以改变不良的身体姿态。"修于内，而外于形。"可见好的形体有多重要。

观看坐立蹲行练习视频

第一节　坐　姿

良好的坐姿不仅有利于身体健康，而且能塑造良好的个人形象。

一、坐姿的类型

（一）标准坐姿

标准坐姿又叫正襟危坐式坐姿（图7-1-1），其要领为：

（1）精神饱满，表情自然，目光平视前方或注视交谈对象。

（2）身体端正舒展，重心垂直向下或稍向前倾，腰背挺直，臀部占座椅面的2/3。

（3）女士双膝并拢，男士可微微分开，双脚并齐。

（4）两手可自然放于腿上或椅子的扶手上。

除基本坐姿以外，因双腿位置的改变，可形成多种优美的坐姿，如双腿平行斜放，两脚前后相掩，或两脚呈小八字形等，都能给人舒适优雅的感觉。如要架腿，最好不于别人交叠双腿，女士一般不宜架腿。无论哪种坐姿，都必须保证腰背挺直，男士两手可以放于两膝上，女士双手可虎口相交轻握放在腿上。另外，女士还要特别注意要双膝并拢。

（二）垂腿开膝式

一般为男性坐姿，两腿屈膝，两膝分开，大腿与小腿尽量呈90°并摆放于正前方，两手放于两膝上，整个脚掌着地（图7-1-2）。

图7-1-1　标准坐姿　　　　　　图7-1-2　垂腿开膝式

（三）双腿交叉式

两腿并拢，大腿和小腿夹角为90°，平行斜放于一侧，双脚在脚踝处交叉（图7-1-3）。

（四）双腿叠放式

先将左（右）脚向左（右）踏出45°，然后将右（左）脚抬起放在左（右）腿上，大腿和膝盖紧密重叠，重叠后的双腿并拢，不留任何缝隙（图7-1-4）。

图7-1-3 双腿交叉式　　　　　　　图7-1-4 双腿叠放式

（五）双腿斜放式

双腿并拢，大腿和小腿夹角为90°，两腿平行斜放于一侧（图7-1-5）。

图7-1-5 双腿斜放式

二、入座、离座要领

（一）从椅子后面入座、离座

如果椅子左右两侧都空着，应从椅子左侧走到椅子前（图7-1-6）。离座应遵循左进左出的原则，站起后向左转身后离座。

图7-1-6 从椅子后面入座、离座

（二）任意方向入座

不论从哪个方向入座，都应在离椅前半步远的位置立定，右脚轻轻地向后撤半步，用小腿靠近椅子，以确定位置（图7-1-7）。

图7-1-7 从任意方向入座

（三）女性入座

女士着裙装入座时，应用双手将裙子后面向前拢一下，以显得优雅端庄（图7-1-8）。

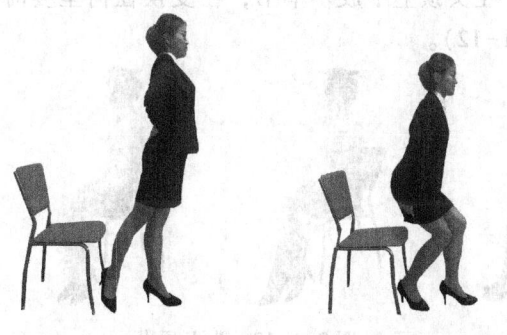

图7-1-8 女性入座

（四）入座注意事项

坐下时，身体重心徐徐垂直落下，臀部接触椅面要轻，避免发出声响（图7-1-9）。

（五）入座后姿态

坐下之后，双脚并齐，双腿并拢成标准坐姿（图7-1-10）。

图7-1-9 入座   图7-1-10 入座后姿态

三、坐姿的训练方法

针对坐姿的训练，可以根据个人的特点选择。

（一）方法一：双腿夹纸

该练习方法适用于女士，练习时在两大腿间夹上一张纸，在变换任何坐姿时须保持纸不松、不掉（图7-1-11）。

图7-1-11　双腿夹纸

（二）方法二：头上顶书

按要领坐好后，在头顶上平放一本书，在变换任何坐姿时努力保持书在头顶上方的稳定性（图7-1-12）。

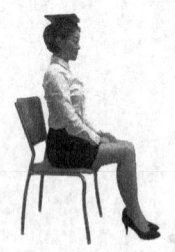   

图7-1-12　头上顶书

（三）方法三：含挺胸训练

含挺胸训练有助于上身姿态的修正。

1. 含胸

标准坐姿，两手互抱手肘，低头，尽量含胸，保持15秒钟（图7-1-13）。

2. 挺胸

标准坐姿，两手在身后抓紧，挺胸，同时两手向后拉伸，保持15秒钟（图7-1-14）。

以上含胸、挺胸动作循环练习3次。

图7-1-13　含胸　　　　　　　图7-1-14　挺胸

（四）方法四：抬腿练习

该练习有助于女士在变换坐姿时保持优雅的姿态。在练习时尽量保持上身直立，以膝盖为支点，其中一只脚缓缓抬起（不超过膝盖），抬至最高处保持5秒钟（图7-1-15）。两脚轮流抬起，循环练习5次。

图7-1-15 抬腿练习

四、坐姿练习的注意事项

（一）切忌猛起猛坐。入座时轻起轻落，避免发出声响，影响他人。

（二）切忌"抖动"。落座后，切忌脚尖朝天，切忌腿上下左右抖动。

（三）不要为了表示恭敬或谦虚，故意坐在椅子或沙发的前边沿，身体萎缩前倾。

（四）在正式场合，不可将头向后仰靠。

（五）女士就座时，不可分开两腿。

（六）跷腿坐时，切忌露出小腿。

（七）离座后不可提裤子，此不雅行为多为男士的下意识动作。

（八）座椅较高时，男士可以跷二郎腿，但切忌将脚尖高高翘起并对着别人。

第二节 站 姿

优美的站姿衬托出良好的形象。正确的站姿应该是：端庄稳重，全身笔直，精神饱满，两肩平齐，两臂自然下垂，两脚跟并拢，两眼正视前方，下颌微收，挺胸收腹，腰背挺直，整个身体挺拔。这种站姿看起来稳重、大方、俊美、挺拔。

一、站姿的类型

（一）标准站姿

站姿的基本要领是五点一线，五点是头颈、肩背、臀、腿、脚。标准站姿如图7-2-1。标准站姿要求如下：

（1）头摆正，脖子伸直，头向上顶，下颌略回收。

（2）肩平，双臂自然下垂；背直，挺胸收腹；双肩后张下沉，两臂于裤缝两侧自然下垂，手指自然弯曲，或双手轻松自然地在体前交叉相握。

（3）挺胸收腹，臀部略为上提。

（4）两腿并拢直立，两腿肌肉收紧，膝部放松。

图7-2-1 标准站姿

（5）站立时，脚跟相靠，脚尖分开约45°，呈"V"字形，或一脚脚跟靠于另一脚脚弓处，呈"丁"字步站立。男性站立时，双脚可略微分开，但不能超过肩宽。

由于日常活动的不同需要，也可采用其他一些站立姿势。这些姿势与标准站姿的区别，主要通过手和腿脚的动作变化体现出来。例如，女性单独在公众面前登台亮相时，两脚呈丁字步站立，显得更加苗条、优雅。需要注意的是，这些站立姿势必须以标准站姿为基础，与具体环境相配合，才会显得美观大方。

（二）中性站姿

两手可叉手（两手前交叉）、垂直（两手下垂）、背手（两手后背），或一手垂直放下，一手放于腹前；两脚V字站立。男性还可双脚微分，但不可比肩宽（图7-2-2）。

图 7-2-2　中性站姿

（三）女性站姿

两手可叉手（两手前交叉）、垂直（两手下垂）、背手（两手后背），或一手垂直放下，一手放于腹前；两脚丁字步站立（一脚脚跟贴紧另一脚脚弓处）（图7-2-3）。

图 7-2-3　女性站姿

二、站姿的训练方法

（一）五点靠墙

背墙站立，脚跟、小腿、臀部、双肩和头部靠着墙壁，以训练整个身体的控制能力（图 7-2-4）。

（二）双腿夹纸

练习者在两大腿间夹上一张纸，保持纸不松、不掉，以训练腿部的控制能力（图 7-2-5）。

图 7-2-4 五点靠墙　　　　　　　　图 7-2-5 双腿夹纸

（三）头上顶书

练习者按要领站好后，在头顶上平放一本书，努力保持书在头顶上方的稳定性，以训练头部及身体的控制能力（图 7-2-6）。

（四）含挺胸训练

1. 含胸

标准站姿，两臂前伸，低头，尽量含胸，保持 15 秒钟（图 7-2-7）。

2. 挺胸

标准站姿，两手在身侧打开，挺胸，同时两手尽向后拉伸，保持 15 秒钟（图 7-2-8）。

图 7-2-6 头上顶书　　　　图 7-2-7 含胸　　　　图 7-2-8 挺胸

以上含胸、挺胸动作循环练习 3 次。

三、站姿练习的注意事项

在正式场合站立，身体不可依靠其他物体；不能双手交叉，双臂抱在胸前或者两手插入口袋，更不要下意识地做些小动作，显得手足无措、拘谨、不成熟、不自信。

身体重心放在两脚正中，站立时，脚可向后撤半步，身体重心移至后脚，但上体必须保持正直。

第三节 蹲　姿

相对于站姿和坐姿，蹲姿的出现频率相对较低（如拾物时），但也不可以忽略，正是细节体现了人的素质和教养，所以蹲姿的训练也是非常有必要的。

一、蹲姿的种类

（一）标准蹲姿

又称为高低式蹲姿，右（左）脚在前，左（右）脚在后，两腿平行向下蹲，右（左）小腿与地面垂直，全脚掌着地，大腿靠紧，左（右）脚跟提起，前脚掌着地，右（左）膝高于左（右）膝，臀部向下（图7-3-1）。标准蹲姿男女皆适合。女士可双手交叠放于膝上，男士可两手自然放于双膝上。

（二）交叉式蹲姿

左（右）脚在前，右（左）脚在后交叉，向下蹲，左（右）小腿与地面垂直，右（左）腿膝盖位于左膝左边（即两腿交叉），左（右）脚全脚掌着地，大腿靠紧，右（左）脚跟提起，前脚掌着地，左（右）膝高于右（左）膝，臀部向下（图7-3-2）。交叉式蹲姿适合女士。

图7-3-1　标准蹲姿　　　　　图7-3-2　交叉式蹲姿

（三）半蹲式蹲姿

两膝并拢，同时屈膝，微微下蹲，该蹲姿不适宜蹲太低，大腿与小腿间角度不宜小于90°（图7-3-3）。半蹲式蹲姿适合女士。

（四）半跪式蹲姿

左（右）脚在前，右（左）脚在后，两腿平行向下蹲，左（右）脚全脚掌着地，大腿靠紧，右（左）脚跟提起，膝盖与前脚掌着地，臀部向下（图7-3-4）。半跪式蹲姿适合女士。

图7-3-3　半蹲式蹲姿　　　　　图7-3-4　半跪式蹲姿

二、蹲姿的训练方法

（一）头上顶书

在头顶上方平放一本书，慢慢上下半蹲起立，保持书在头上的稳定性（图7-3-5）。

（二）蹲立练习

原地站立，一腿向后，缓缓蹲下，控制好重心，膝盖轻微触地后，再缓缓站起（图7-3-6）；换另一只脚，循环练习10次。注意在重心上下起伏时，上身需时刻保持直立状态。

图7-3-5 头上顶书

图7-3-6 蹲立练习

三、蹲姿练习的注意事项

（一）下蹲拾物时，应自然、得体、大方，不得遮遮掩掩。

（二）下蹲时，两腿合力支撑身体，避免重心不稳而摔倒。

（三）下蹲时，应使头、胸、膝关节在一个角度上，使蹲姿优美。

（四）女士无论采用哪种蹲姿，都要将两腿靠紧，臀部向下。

（五）蹲姿三要点：迅速、美观、大方。

（六）右手捡东西，要走到东西的左边，左脚向后退半步再蹲下来。反方向同理。

（七）脊背保持挺直，臀部一定要蹲下来，避免弯腰翘臀。

（八）男士两腿间可有适当的缝隙，女士则要两腿并紧。

第四节 行 姿

行姿是一种动态的姿势,是立姿的一种延续,行姿可以展现人的动态美。在日常生活或公众场合中,走路都是浅显易懂的肢体语言,但是它能够将一个人的韵味和风度展现出来。

一、正确的行姿

正确的行姿能够展现一个人积极向上、朝气蓬勃的精神状态。正确的行姿要以正确的站姿为基础。走路时,上身应挺直,头部要保持端正,微收下颌,两肩应保持齐平,挺胸、收腹、立腰。双目要平视前方,表情自然,精神饱满(图7-4-1)。正确的行姿表现在以下几方面:

(一)步幅一致

在通常情况下,男性的步幅约为25厘米,女性的步幅约为20厘米。

(二)行走直线

行走时最佳步位是两脚踩在同一条直线上,并不是走两条平行线。

(三)保持行走速度

要使步态保持优美,行进速度应该保持平稳、均匀,过快过慢都是不允许的。

(四)身体各部分充分配合

在行进过程中,膝盖和脚踝要有弹性,腰部理应成为身体重心移动的轴线,双臂要轻松自然地摆动。身体各部位之间要保持动作和谐,步调一致。

图 7-4-1 正确的行姿

二、行姿的训练方法

(一)头上顶书

在头顶上方平放一本书,反复进行练习,并保持书在头上的稳定性(图7-4-2)。

(二)摆臂练习

双肩下沉,两臂放松,两臂的摆动幅度不宜过大,两臂尽量贴在身体两侧摆动(图7-4-3)。

图 7-4-2　头上顶书　　　　图 7-4-3　摆臂练习

（三）行走练习

地面划条直线，按照直线轨迹行走，目视前方，两手自然摆动。

三、行姿练习的注意事项

行走是动态的，故在行走中需要注意的事项较多，主要为以下几点：

（一）行走时，双臂摆动要与脚步协调。双肩平稳，肩峰稍稍朝后，大臂带动小臂自然前后摆动，勿甩小臂。前摆时，手不要超过衣扣垂直线，肘关节微屈约30°，掌心向内，后摆时勿甩手腕，切忌做左右式摆动。

（二）行走时，双目向前平视，微收下颌，面部表情平和自然，不左顾右盼，不回头张望，不要边走边盯住行人长时间打量。

（三）行走时，要收腹挺胸，重心平稳，步幅不可太大，每一步都要抬起脚来，鞋不要在地上拖拖拉拉。节奏快慢适当，给人一种矫健轻快、从容不迫的动态美。

（四）行走时不可把手插进衣服口袋里，尤其不可插在裤袋里，显得松散、没礼貌。

（五）膝盖和脚踝都应轻松自如，忌外八字或内八字。

（六）女性的行姿要在稳重大方中略带矜持，忌扭捏作态和矫揉造作。

（七）步幅与呼吸应协调配合。穿礼服、裙子或旗袍时，步度更应轻盈优雅，不可跨大步。

课后练习题

1. 在日常生活中，如何培养自己良好的仪态？
2. 复习坐姿、站姿、蹲姿及行姿。

第八章　造型美姿塑造

时装表演中的造型,是时装模特在服装表演过程中静止的一个姿态,即相对静止的"亮相"。生活中的造型练习,不同于时装表演中的各类夸张造型,本书造型训练的目的是培养大学生在各种场合表现出得体的姿态。

第一节　步态造型训练

一、造型的种类

(一) 单臂叉腰造型

重心在右脚上,左脚前点地;腰部稍后移,收腹;一臂叉腰,肘关节稍后夹,另一臂弧形下沉,沉肩,梗颈(图8-1-1)。

(二) 双臂叉腰造型

重心在右脚上,左脚前点地;腰部稍后移,收腹,双臂叉腰;肘关节稍后夹,沉肩,梗颈(图8-1-2)。

图8-1-1　单臂叉腰造型　　图8-1-2　双臂叉腰造型

(三) 前点地造型+撤步

在保持原来动作要求的基础上,重心一直在右腿,左腿向后撤步,重心移动到左腿,右脚前点地(图8-1-3)。

(四) 脚前点地造型+上步

在保持原来动作要求的基础上,重心移动到左腿,右腿上步,重心在左脚上,右脚前点地(图8-1-4)。

图 8-1-3　前点地造型+撤步　　　　图 8-1-4　脚前点地造型+上步

（五）前点地造型+上步转体

在保持原来动作要求的基础上，重心移动到左腿，右腿上步，上右脚时向左转身180°，重心留在右腿上，先留头再转头（图 8-1-5）。

图 8-1-5　前点地造型+上步转体

二、垂直造型的基本脚位与手臂基本位置

垂直造型中的垂直，是指人体中线与地面形成垂直线，一脚在中线上，另一脚靠近中线。单腿重心的造型，躯干以侧拧为主，即眼部、胸部、肩部、臂都不在一个平面上，这样的造型优美、宁静、含蓄。

（一）基本脚位

垂直造型主要包括：① 单腿重心，前点地（图 8-1-6）；② 单腿重心，掩膝侧点地（图 8-1-7）；③ 单腿重心，交叉点地（图 8-1-8）。

图 8-1-6　单腿重心，　　图 8-1-7　单腿重心，　　图 8-1-8　单腿重心，
　　　　前点地　　　　　　　　掩膝侧点地　　　　　　　交叉点地

（二）手臂基本位置

垂直造型的手臂基本位置有：① 双手叉腰（图 8-1-9）；② 单臂叉腰（图 8-1-10）；③ 双臂的垂直位（图 8-1-11）。

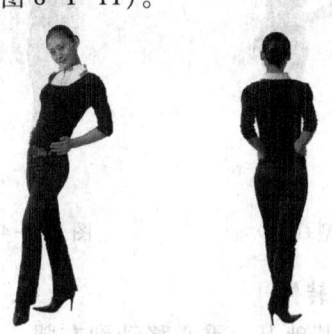

图 8-1-9　双手叉腰

图 8-1-10　单臂叉腰

图 8-1-11　双臂的垂直位

第二节　步态转体训练

步态转体角度包括转体 90°、180°、360°，或更多的角度。转体训练可以提高动作的协调性和身体的控制能力，对提高前庭分析器的功能也有一定的作用。

一、上步转体 90°

重心在右腿，左脚前点地准备；重心慢慢移到左腿上，右脚上步，同时转身 90°，面向 8 点；右腿随后托至左脚脚弓前，做垂直造型（图 8-2-1）。重心过渡要平稳。在转体过程中，为了保持优雅与矜持，双臂不能甩起来。

图 8-2-1　上步转体 90°

二、180°转体

(一) 移重心原地 180°转

重心在右腿，左脚前点地准备；左脚稍立起，同时转身 180°，重心留在右腿上，重心过渡要保持平稳；先留头再转头（图 8-2-2）。转体时，为了保持优雅与矜持，双臂不能甩起来。

图 8-2-2　移重心原地 180°转

(二) 前点地 180°拧转

重心在右腿，左脚前点地准备；左脚点地不变，重心留在右腿，但稍抬右脚跟，身体慢慢向左转 180°，重心留在右腿上，先留头再转头（图 8-2-3）。注意转体不能太急，右脚跟微抬，身体保持平稳拧转。

图 8-2-3　前点地 180°拧转

(三) 上步 180°转

重心在右腿，左脚前点地准备；重心移到左腿，右脚上步时向左转身 180°，重心留在右腿上，先留头再转头（图8-2-4）。注意上步不能太大，身体保持平稳拧转。转体时，双臂不能甩起来。

图8-2-4　上步180°转

（四）撤步180°回转

重心在右腿，左脚前点地准备；左脚撤步，同时身体慢慢向左转180°，重心留在右腿上，稍抬右脚跟，先留头再转头（图8-2-5）。注意撤步不能太大，右脚跟微抬，身体保持平稳拧转。转体时，双臂不能甩起来。

图8-2-5　撤步180°回转

三、360°转体

360°转体，即60°停顿转，上步180°转+撤步180°回转。重心在右腿，左脚前点地准备；移重心，右脚上步，双脚脚跟微抬重心，向左转体180°后，再向左后方出左脚，身体随之左转180°，重心留在右腿上，先留头再转头，转到位后出步走（图8-2-6）。注意上步不能太大，转体不能太急，两脚跟微抬，身体保持平稳拧转。

图8-2-6　360°转体

第三节　步态组合训练

走姿是站姿的延续动作,在站姿的基础上展示人的动态美。无论是在日常生活中还是社交场合中,走路往往是最引人注目的身体语言,也最能表现个人的风度和活力。该步态组合训练分为以下六个部分。

观看步态训练视频

一、站姿练习

站姿虽然简单,但是却非常直观地展现了个人形体姿态。站立时要求收腹、立腰、提臀,双脚踩实,重心在两脚中间（图8-3-1）。

二、造型训练

除了基本的站姿外,还有一些站立造型,使人充满活力又不失时尚感,如图8-3-2。

图 8-3-1　站姿练习

图 8-3-2　造型训练

三、走姿训练

这部分训练的重点是手和脚的协调性,学会基本摆臂、控制步幅,如图8-3-3。

图 8-3-3　走姿训练

四、步态转体训练

在行进中保持优雅的转体也是需要训练的。转体时要保持上体直立,前点地时重心在后，转体时两脚跟略微抬起，肩、腰、腿依次转，最后转头（图8-3-4）。

图 8-3-4　步态转体训练

五、身体波浪训练

通过身体波浪的练习，锻炼胸部的灵活性，并摆正头部位置，如图8-3-5。

图 8-3-5　身体波浪训练

六、重心移动练习

该部分通过简单的迈步点地、髋部环绕等动作，练习平稳地进行重心过渡（图8-3-6）。

图 8-3-6　重心移动练习

课后练习题

1. 请分组练习步态组合动作。
2. 练习姿态转换时正确的转换姿势。

第九章　礼仪组合训练

第一节　礼仪操组合训练

观看礼仪操视频

该套礼仪操分为十个部分。

一、准备姿势

整套动作的准备活动，从最常用的姿态从站姿开始练习（图 9-1-1），使练习者以最快的速度进入状态。

图 9-1-1　准备姿势

二、仪容整理

在平时生活中，除了出门前整理仪容外，很容易忽视在工作或者在学习中的仪容整理，如坐下站起后，裤管、衣袖、衣领等容易起褶，起褶的地方需要再次进行整理。因此，要随时保持良好的仪容，养成仪容整理的习惯，如图 9-1-2 所示。

图 9-1-2　仪容整理

三、微笑

微笑是打开人们心灵的一扇窗户，是最快也是最容易拉近人与人之间距离的有效方法。经过微笑训练后，使人更具有亲和力、亲切感，更容易被人接受，如图9-1-3 所示。

图 9-1-3　微笑

四、坐姿

礼仪操主要训练三种坐姿：标准坐姿、双腿斜放式坐姿以及双腿叠放式坐姿（图 9-1-4）。要求掌握不同坐姿之间的互相变换，以及入座与离座时的身体姿态和整理衣物的动作。

图 9-1-4　坐姿

五、行姿

礼仪操中的行姿是更系统地训练日常生活中的行走姿态（图 9-1-5），如转体时留头，行走后如何自然切换到站姿。

图 9-1-5　行姿

六、手势指引

手势是肢体语言中最常用也是最容易表达意思的一种方式，但手势的表达也是有讲究的。记住一点，不能用一根手指表达，通常向别人表达自己的意愿时，要使用整个手掌，并且手心向上以表尊重，如图 9-1-6 所示。

图 9-1-6　手势指引

七、蹲姿

礼仪操的蹲姿训练主要是学会如何下蹲拾物，如图 9-1-7 所示。蹲姿相对坐姿和站姿的使用频率较少，但也会偶尔发生，此时可以立显人的礼仪内涵。

图 9-1-7　蹲姿

八、社交鞠躬、指引礼仪

如何利用肢体语言微笑礼貌地打招呼及指引方向，只说不做是纸上谈兵，所以需不断加强练习。这部分的动作，主要针对这些细节进行训练。掌握了这些动作，不但可以很好地完成指引，更可以让被指引对象舒适、自然地接受指引服务。

九、社交握手、名片递交礼仪

在社交中，握手、收递交换名片是最常见的礼仪。很多学生会有这样的疑问，在收到对方名片后，当面如何处理才能算是尊重对方呢？如果是在站立的情况下收递名片，则在收了名片之后放入上衣口袋中；如果在会议桌会上收递名片，则记得要将对方名片摆在自己面前随时可以看见的地方。

十、结束再见姿势

礼仪要做到有始有终。与别人再见时，应优雅且不失礼节。这部分礼仪操主要是训练再见的手势和身体姿态，如图 9-1-8 所示。

图 9-1-8 结束再见姿势

第二节 坐姿组合训练

这套坐姿练习包括正确坐姿练习，头颈部、胸部、肩部、腿部等部位综合练习。长期练习可以改变不良姿势，养成优雅坐姿。

一、坐姿练习

（一）坐姿一

上身保持直立，沉肩，眼睛平视前方。两腿交叉叠加，腿放在身体偏右侧方向。双手自然相叠放于大腿上方，挺胸收腹，面带微笑（图 9-2-1）。

（二）坐姿二

上身保持直立，沉肩，眼睛平视前方。两腿平行相靠，脚放在身体偏右侧方向。双手自然相叠放于大腿上方，挺胸收腹，面带微笑（图 9-2-2）。

图 9-2-1 坐姿一　　图 9-2-2 坐姿二

二、正面练习

坐姿的正面练习分为三个部分。

（一）头颈部训练

通过头颈部左右侧绕∞，拉伸颈部线条，避免造成头部前伸、侧歪等不良姿势。如图 9-2-3 所示。

图 9-2-3　头颈部训练

（二）肩胸部训练

该部分的训练主要以肩胸部的波浪、含挺胸动作为主，有助于改善弯腰驼背的不良姿势。如图 9-2-4 所示。

图 9-2-4　肩胸部训练

（三）腿部训练

很多人会误认为腿部训练与坐姿关联不大，下半身是不需要有任何动作的。其实不然，在转换坐姿时，腿部的动作很重要，特别要注意转换坐姿时膝盖不能分开。这段动作的练习，对于塑造腿部肌肉线条，以及优雅地转换坐姿有很大的帮助。如图 9-2-5 所示。

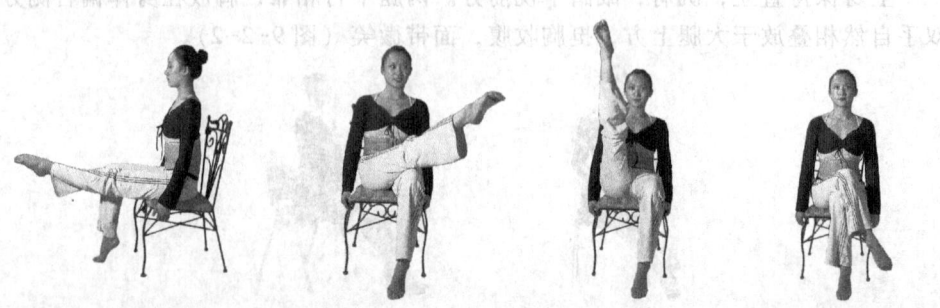

图 9-2-5　腿部训练

三、侧面练习

这部分练习主要利用椅子训练身体形态及髋部,可以有效地改善身体姿态。如图 9-2-6 所示。

图 9-2-6 侧面练习

课后练习题

1. 请分组练习礼仪组合动作。
2. 如何将礼仪操中关于仪态的训练贯彻到日常生活中?

第十章 日常礼仪常识50问

一、校园礼仪

1. 在校园中如何注意个人举止？

答：不大声说话，按照前面所说的坐、立、蹲、行等姿态的要求约束个人仪态。

2. 应怎样与老师谈话？

答：与老师谈话时，应立正站好。在教室座位上与老师谈话应起立，得到老师允许后，再坐下。从老师手中接递物品时，要双手接递，表示尊敬。

3. 在学校餐厅应保持哪些礼仪？

答：首先要自觉排队，不大声喧哗，不敲击碗筷；爱惜粮食，不铺张浪费，剩饭剩菜自觉倒入指定的容器中；使用公用的碗碟餐具时，用完餐后将餐具放回指定回收处。

4. 同学聚会礼仪有哪些？

答：遵守时间，按时到达，主动热情地与同学打招呼，交谈时注意照顾女同学和其他同学。注意自我介绍和介绍他人的礼节。自我介绍应简洁明了，介绍他人是帮助同学互相认识的常用形式。介绍人、被介绍人、中介人成三角之势。介绍时的手势为手心向上，四指并拢，拇指与其他四指约成30°，礼貌地示意被介绍人，眼睛看着要告诉的人，不要用手指人。

二、体育运动礼仪

5. 体育运动常见的礼仪包括哪些？

答：体育运动的礼仪一般涵盖了日常礼仪的范畴，包括体育形象礼仪（仪容礼仪、服饰礼仪、仪态礼仪、语言礼仪）、体育社交礼仪（交往礼仪、聚会礼仪、旅行礼仪、国际习俗）。另外，体育运动礼仪按对象分，还包含特定对象的礼仪，运动员、教练员、观众及体育工作人员的礼仪；按项目分，体育运动礼仪涵盖了每类运动项目，每个运动项目都有其特定的礼仪。

6. 作为一名集体球类项目的观众，在观赛过程中，应注意什么观赛礼仪？

答：集体球类项目包含很多，如足球、篮球、排球、手球、橄榄球、垒球等。由于集体球类项目在比赛中激烈的对抗性和极高的观赏性，所以比赛现场会有很多球迷，也因此会形成特殊的赛场文化。作为集体球类项目观众，在观赛中需要注意什么礼仪呢？首先，从意识上认清球类比赛的实质，比赛虽然具有悬念和戏剧性，但它是一项运动，而不是战争；尊重对手球迷、尊重对方球员，当对方球员展现精彩球技时为之鼓掌，有秩序、有礼节地加油助威。其次，理解赛场上的执法裁判员，给予他们尊重和鼓励；议论、评价不带有针对性，不辱骂某个球员；整个比赛过程中严禁使用闪光灯，因为闪光灯瞬间的高强度亮光会严重影响球员对球的判断。

7. 作为观众，退场需要注意什么礼仪？

答：作为观众，为了表示对运动员、教练员和裁判员的尊重，首先应避免提前退场，而是在比赛结束后，有秩序的退场，并主动、自觉地保持观赛区的卫生。

三、就餐礼仪

8. 用西餐时，应该如何使用刀叉？

答：一般为左手拿叉，右手拿刀，若是左撇子则刚好相反。不要握住刀叉在空中飞来舞去；也不能够将刀叉的一头搭在盘子上，一头挡在餐桌上，而应放在盘子里，刀刃朝里，刀把放在盘子边缘。记住一旦拿起使用，就不能再放回原处。

歇会别收走　　等候第二份　　太赞了

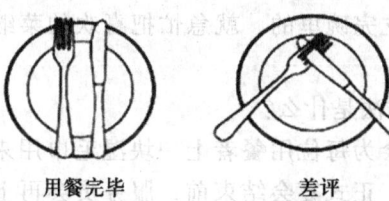

用餐完毕　　差评

9. 西餐中的餐巾应如何使用？

答：要用轻轻沾擦的方式擦嘴，记住只能擦嘴，不要用来擦拭餐具和餐桌。餐巾应放在大腿上，如果用餐中途需要离开餐桌，要将餐巾放在椅子上。用餐结束不用折叠餐巾，从中间拿起，轻轻放在餐桌上盘子的左侧即可。如果是去做客的，请留意女主人的餐巾放置，若餐巾放在餐桌上盘子的左侧，则表示宴会结束。

10. 吃西餐的时候，随身携带的物品可以放在餐桌上吗？

答：凡是与用餐无关的物品都不能放在餐桌上，包括眼镜、包、钥匙、帽子、手套等。

11. 西餐中面包应如何食用？

答：西餐中面包要撕成小片吃，吃一片、撕一片，切忌不可用嘴咬，如果需要涂抹牛油，则撕一片、涂一片，送入口中后再继续制作下一片。

12. 西餐中如何喝汤？

答：要用汤匙喝汤，不能吸着喝。用汤匙轻轻将汤舀起，身体上半部略微前倾，汤匙的底部放在下唇的位置将汤送入口中。

13. 吃西餐时应如何优雅地咀嚼？

答：咀嚼东西时嘴要闭紧，嘴里有食物的时候，千万不能开口说话，也不能为了着急说话而马上将食物吞下，应该细嚼慢咽。

14. 自助餐如何取餐？

答：首先要依次排队取餐。当然在场地比较大、品种较多的自助餐厅中，这种情况比较少出现。其次是要多次少取，尽量不要有剩余。

15. 用中餐时，座位有讲究吗？

答：座位安排原则为：右高左低，居中为尊，面门为上，景观为佳，临墙为好。

16. 宴请中餐应如何点菜？

答：中餐点餐首先要看参加宴席的人数，一般为人均一菜。若男士较多，可适当增加菜品数量。同时应遵循"三优四忌"。三优指有中餐特色、本地特色、本餐馆的特色；四忌指宗教饮食禁忌、健康饮食禁忌、偏好饮食禁忌、特殊时期饮食禁忌。

17. 中餐的上菜顺序是什么？

答：先凉后热，先上咸鲜清淡的，后上味道浓重的，之后上主食和水果。

18. 如何夹菜？

答：入席后，不要立即动手取菜，而是待主人举杯示意并开始夹菜后，自己再取菜；使用公筷；取菜适量，不要取得过多；在自己伸手可以够到的范围内取菜，不要伸长胳膊去够远处的菜；不能用筷子随意翻动盘中的菜；尽量吃完碗里的菜再夹菜，千万不要还没有吃完碗里的，就急忙把喜欢的菜继续堆在自己的碗里；男士不要随便夹菜给女士。

19. 中餐巾的使用方法是什么？

答：用餐前服务员会为每位用餐者上一块湿毛巾用来擦手。擦手后，应该放回盘子里，由服务员拿走。正式宴会结束前，服务员会再上一块湿毛巾。这时的餐巾只能用来擦嘴，不能擦脸、抹汗。

20. 中餐用餐何时可以入座？

答：如果你是主人，需要提前在门口等待，并指引宾客入座；若是参加宴席，请听从东道主安排。

21. 中餐礼仪中是怎样敬酒的？

答：敬酒的顺序为主人敬主宾，陪客敬主宾，主宾回敬，陪客互敬。如果是平辈，敬酒顺序遵循时针方向，如果是方桌敬首位，圆桌就从左手开始依次敬。注意敬酒时要站起并双手举杯，记住自己的杯子永远低于别人。可以多人敬一人，但不可一人敬多人。

22. 餐具掉落地上，怎么办？

答：餐具掉落地上后，捡起来，但不可擦拭后继续用，应招呼服务员重新换取干净的餐具。

23. 中餐中应如何斟酒？

答：首先要面面俱到，一视同仁；其次要适量。如果是白酒或啤酒则要斟满，若是葡萄酒则无此讲究。

四、面试礼仪

24. 电话通知面试时，但时间安排有冲突，应如何回答？

答：首先要表达本人对该面试的重视，其次主动告知接线员本次面试安排与自己的时间冲突，能否更改面试时间。态度要谦逊。

25. 面试时，面试官有私人电话接入，如何处理？

答：一对一面试中途，面试官若有私人电话接入，会比较尴尬，若等候时间较长，或面试官并无挂断的意思，可示意后先退出房间，在门口等待，待面试官接完电话后，招呼时再进入。

26. 等候面试时间较长，应不应该催促呢？

答：等候面试时间较长时，可礼貌地向负责接待面试的工作人员咨询，切忌露出不耐烦的表情。

27. 面试时，手脚应该如何放置才妥当？

答：肢体语言非常重要，建议如果是坐在板凳或椅子上，采用标准坐姿。女生两手交叉搭于膝盖上，男生可直接放于膝盖处，手中的文件或物品可放在椅腿处，尽量不要抱在胸前。

28. 面试时，不太好意思看面试官怎么办？

答：自信的目光是面试成功最重要的因素之一，这是必须要克服的，学会与面试官有一定的目光交流，对面试的成功很有帮助。

29. 面试中途手机刚好响起，怎么办？

答：面试前，应将手机关机，或是调整到无声状态，否则一旦面试过程中手机铃声响起，不但是对面试不尊重、不重视的表现，也会影响到自己的情绪和发挥。

30. 如何准备简历呢？

答：首先简历要简洁。细节部分也要注意：手机号码采用3—4—4方式分段；内容不要有错别字；关于身高、体重等信息，确认这些信息是否能为面试加分，如应聘条件对身高等有要求，则必须写上去；如果没有要求则不要写。社会经历和校园活动是面试官对应届毕业生简历比较重视的方面，采用倒序方式写，写清楚具体从事了哪方面的工作，确保信息真实。

31. 面试时，如何与面试官交流？

答：有两个法则，第一是黄金法则，即二八法则。在面试过程中，20%是面试官的语言，而面试者的描述或者回答占80%。第二是白金法则，引导面试官对自己提问。可用简历来引导面试官提问，也可在回答某问题的时候留有悬念，引导面试官追问。

32. 面试时的语言技巧有哪些？

答：面试时，除了肢体语言之外，影响面试结果的就是语言表达。语言表达可以反映出个人的成熟程度和综合素质。面试过程中要口齿清晰，语言流利，落落大方；语气要平和，音量适中，不宜过小，更不能太大；在表达的过程中还要随时留意面试官的反应。

33. 回答问题时有哪些技巧？

答：首先要条理清晰，把握重点，有理有据。一般回答问题应结论在先，议论在后。具体的事情具体表达，避免抽象，面试官有时想了解应试者的一些具体情况，所以要表达具体。不要答非所问，对于不确定的提问内容，可以先进行确认。回答的内容最好包涵个人的见解。遇到不知道或不清楚的问题，不要不懂装懂，应坦率地承认不足之处。

34. 面试前应做哪些准备？

答：了解并查找面试单位或企业的背景情况，了解得越详细越好，还要了解招聘信息中对应聘职位的要求。了解交通路线，以及从出发地点到面试单位所需要的时间。整理须携带的物件，如身份证、简历、学历证书、笔、1寸照片等，以备面试官核查。最后就是个人的着装和修饰了。

35. 如何缓解面试紧张？

答：保持平常心，不要太在意成败。面试前先做几次深呼吸，平复心情；在面试中主动与面试官进行目光交流，消除紧张情绪，在心里建立与招聘方平等的关系。回答问题时记住放慢自己的语速。

36. 面试即将迟到怎么办？

答：迟到会给面试官留下非常不好的印象，但是如果遇上特殊情况，也没有办法避免时，应马上与应聘单位联系，告知目前的情况，立即换乘交通工具，或再约时间，并确保下次不能迟到。

37. 面试时出现了口误怎么办？

答：口误是在面试时经常会出现的，意识到自己说的话有问题，有两种解决方法：一是马上停下来，针对口误进行纠正；二是在回答完问题以后再进行纠正及补充。

38. 面试中途突然暂停怎么办？

答：遇到面试中途突然暂停，面试官借故离场，千万不可大意，不可这里摸摸那里看看，更不能显示出不耐烦的表情。可以拿本书看，如果有资料也可以拿出来看，表现要稳重、淡定、从容。

39. 面试时面试官问到关于个人隐私或不想回答的问题，怎么办？

答：面试时面试官为了解你的基本情况，提问可能会涉及个人隐私，遇到这种情况，可以大胆地说"不"。一般这种情况很少发生。

40. 面试时面试官会问哪些问题？

答：面试官问的问题一般分为两种：情景问题和行为问题。情景问题是面试官给一个情景，让你给出解决或处理方案，一定要注意听面试官所出的题目，没有弄明白的一定要及时问清楚，以免答非所问；还有一种是行为问题，比如让你说说自己的某些技能或特长等，回答这类问题，一定要给出具体的实例，切忌空泛地说自己在某方面能力很强。

41. 面试完毕是否应该马上就走？

答：大多数的面试都需要经过两轮或两轮以上的面试。第一轮面试后，会有工作人员告知下一轮面试的时间和地点，有可能马上进行第二轮，也有可能再约时间进行第二轮的面试。应了解清楚后，再决定何时离开较合适。

42. 在收到录取通知前已经收到其他单位的录取通知，应如何礼貌地回绝呢？

答：首先要感谢贵单位对自己的青睐，之后再告知目前已接到其他单位的录取通知，抱歉不能加入贵单位，最后希望以后有合作的机会。态度要谦卑。

43. 进入面试室时敲门进入，该敲几下门？

答：敲两下较为合适。

44. 面试结束后应注意哪些礼仪？

答：最好是以握手的方式道别，站起后，应把椅子扶到刚进门时的位置，致谢后出门。

五、社交礼仪

45. 收发邮件，应该注意哪些礼仪？

答：首先，邮件要有主题，主题简单明了，可以让收件人大概知道邮件的内容。其次，要有适当的称呼，如×先生，×女士。如果有职位，也可以写上，如×经理。再次，如果有附件，一定要在正文中交代。最后，要署名，否则对方收到邮件，不知道是谁发送的。另外，还要注意群发、抄送、密送的区分，并及时回复邮件。

46. 使用微信有哪些礼仪？

答：及时回复别人的消息，如果比较忙，也要在方便的时候告知原因。尽量用字回复，不要发语音。不要随便在微信群里发广告，不要随便拉人进群，要获得群主的同意方可拉人进群。不发布没有事实根据以及伤风败俗的信息，多发正能量的信息。

47. 使用微博有哪些礼仪？

答：不造谣，不任人摆布，不做人身攻击。

48. 如何在现代社交中使用正确的称呼礼仪？

答：千万不要直乎其名，可以在姓氏前加"先生""女士"，如果知道其职业，也可以在姓氏后加上职位来称呼，如"校长""经理""会长"等。

49. 参加婚礼应该注意哪些礼仪？

答：答应了出席仪式就一定要到场，切忌临时变卦，也不要迟到。注意礼金要用红包封好。酒席结束不要第一个离席，尽量不提前离开。离开时需要向主人打招呼。

50. 与家庭成员相处时，需要注意哪些礼仪？

答：孝敬父母，尊重长辈。要有感恩的心，学会说谢谢。不要心安理得地接受别人的帮助，即使是自己的父母。家庭成员之间要相互尊重，相互支持，相互关心。遇到争执的时候，要多商量。

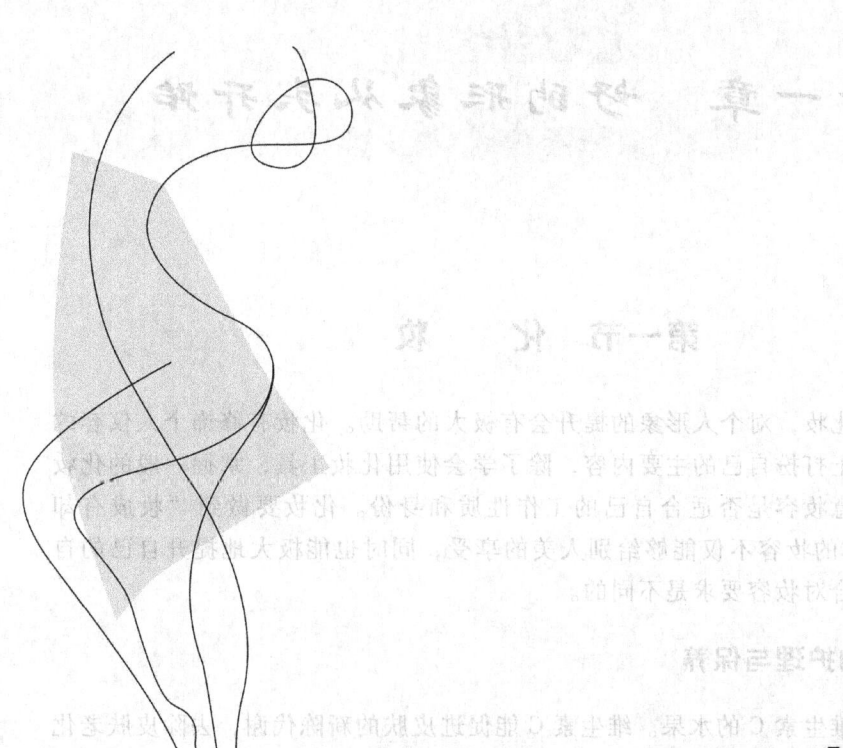

要眇宜修美型现——形象塑造篇

　　这一篇从外在视觉情感元素和服饰的视觉元素入手，通过恰当的搭配来揭示美感的呈现方式和规律，生动形象地展现出色彩、款式、风格、服饰的搭配魅力。良好的形象所透露出的自信、专业、亲和或是风趣等相互交融在一起汇集成一张绝好的名片。在职场上，它能产生事半功倍的效果。

　　形象塑造遵循 TPO 原则，即 Time（时间）、Place（地点）、Occasion（场合），表示着装应与时间、地点、场合相协调。

第十一章　好的形象从头开始

第一节　化　妆

观看化妆视频

学化妆，会化妆，对个人形象的提升会有极大的帮助。化妆有修饰个人仪容的作用，化妆是女士打扮自己的主要内容，除了学会使用化妆工具，掌握一般的化妆技巧外，还要注意妆容是否适合自己的工作性质和身份。化妆要做到"妆成有却无"。自然、得体的妆容不仅能够给别人美的享受，同时也能极大地提升自己的自信。在不同的场合对妆容要求是不同的。

一、皮肤的护理与保养

多摄入含有维生素 C 的水果。维生素 C 能促进皮肤的新陈代谢，去除皮肤老化的角质，使皮肤红润光滑，还有收缩毛孔的作用。橙子、猕猴桃都是含维生素 C 较多的水果。

多喝水，补充水分，注意肌肤保湿。皮肤缺水，就会引起角质层老化，毛孔变大变粗。洗完脸后，用保湿水和保湿霜涂抹脸部，有助于锁住水分，使肌肤更滋润，达到收缩毛孔的效果。每天摄入足够的水，可以促进新陈代谢，尤其是夏天，更要多喝水。

远离烟酒。抽烟、喝酒对人体有害。长期抽烟、喝酒会使毛孔变大变粗，皮肤代谢紊乱。

饮食要清淡，少吃或尽量不吃油炸、辛辣、刺激性强的食物，如麻辣烫、烧烤、炸鸡等，这些食物不仅营养物质流失，经常食用也不利于人体健康。

尽量不要熬夜，睡觉是保养皮肤最好的方式。皮肤的最佳排毒时间是晚上 10 时，尽量保证充足的睡眠。如果学习或工作压力大，需要熬夜加班，则要保持身体水分，并且多吃蔬果，有条件的情况下尽量补充睡眠。

保持良好的心态与运动习惯。运动出汗可以促进皮肤的新陈代谢，改善皮肤。运动不仅是健康身体的保障，也是健康皮肤的保障。

二、化妆工具

（一）清洁棉

目前市面上多为一次性的清洁棉（图 11-1-1），在妆前清洁及卸妆时使用，清洁棉主要用于擦去面部的洗面奶、磨砂膏、按摩膏、水渍、卸妆水、卸妆膏等。一次性清洁棉使用后应丢弃,不可重复使用;非一次性的清洁棉应注意清洁,保持卫生。

图 11-1-1　清洁棉

(二) 乳胶楔形海绵

乳胶楔形海绵(图 11-1-2)主要用于涂抹粉底液或粉底霜。不同颜色的粉底液或粉底霜用不同的乳胶楔形海绵,以免颜色混淆。乳胶楔形海绵需注意清洁,并定期更换。

 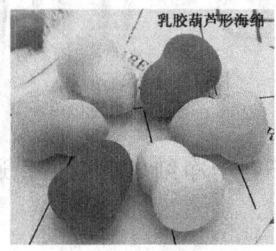 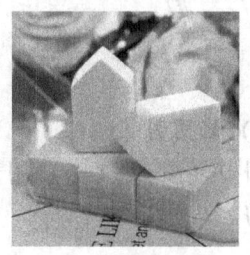

图 11-1-2　乳胶楔形海绵

(三) 粉扑

粉扑(图 11-1-3)用于最后定妆,配合粉饼使用。粉扑不是一次性用品,需注意清洁并定期更换。

 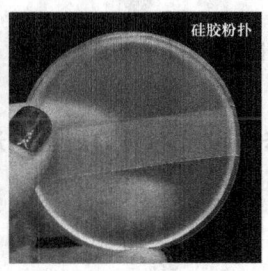 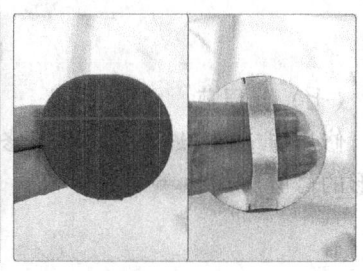

图 11-1-3　粉扑

(四) 卷睫毛夹

卷睫毛夹(图 11-1-4)用于卷曲睫毛,注意选择适合自己眼部弧形的卷睫毛夹,还需注意对卷睫毛夹的清洁,以防眼部感染。

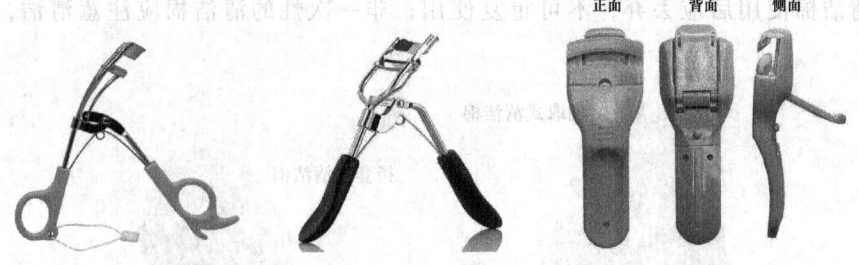

图 11-1-4 卷睫毛夹

（五）眉钳

眉钳（图 11-1-5）用于拔去多余的眉毛，通常配合修眉刀、修眉剪进行眉形的修剪。

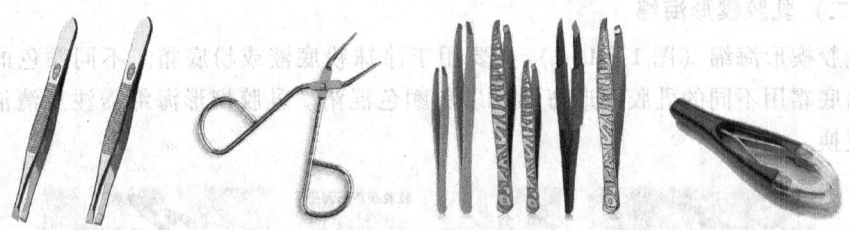

图 11-1-5 眉钳

（六）修眉刀

修眉刀（图 11-1-6）用于剃干净细软的杂眉，通常配合眉钳、修眉剪进行眉形的修剪。

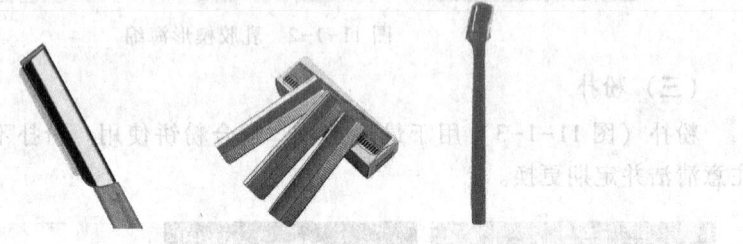

图 11-1-6 修眉刀

（七）修眉剪

修眉剪（图 11-1-7）用于修剪参差不齐的眉毛，通常配合眉钳、修眉剪进行眉形的修剪。

图 11-1-7 修眉剪

（八）卷笔刀

卷笔刀有单孔的和双孔的（图11-1-8），适用于不同口径的眉笔、唇笔、高光笔等。

图11-1-8　卷笔刀

（九）化妆镜

化妆镜与普通镜子的区别在于，化妆镜（图11-1-9）都带有一面不同比例的放大面，便于化妆，但是要注意避免化妆品溅到镜面形成污迹。

图11-1-9　化妆镜

（十）棉签

棉签（图11-1-10）主要用于眼部妆容，可配合眼部卸妆液用于卸除眼线、眼影等，也可用于擦除化妆中画错或不得当的小面积的彩妆。

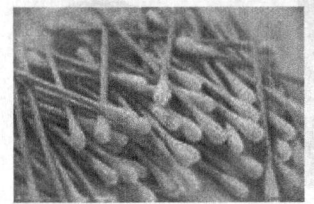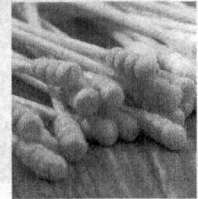

图11-1-10　棉签

（十一）面巾纸

面巾纸（图11-1-11）用于清洁脸部卫生，一般在上妆前洗脸或卸妆后洁面使用。

图11-1-11　面巾纸

(十二) 化妆套刷

化妆套刷（图 11-1-12）主要有粉刷、腮红刷、轮廓刷、圆头眼影刷、齐头眼影刷、眼线液刷、眉梳及眉毛染色刷、斜面眉刷、唇膏刷、瑕疵膏刷、扇形刷等。

图 11-1-12　化妆套刷

1. 粉刷

粉刷（图 11-1-13）用于去掉面部多余的化妆粉。

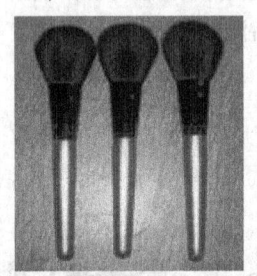 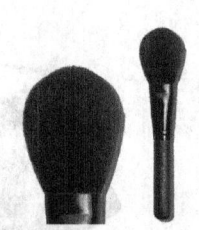

图 11-1-13　粉刷

2. 腮红刷

腮红刷（图 11-1-14）用于涂抹腮红，使腮红分布均匀。圆头的适合画圈的涂法；扇形的更贴合颧骨，适合椭圆形的画法。

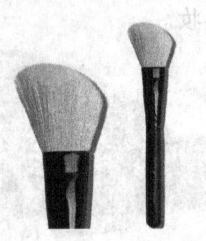  

图 11-1-14　腮红刷

3. 轮廓刷

轮廓刷（图 11-1-15）用于修饰脸型，使脸部妆容更立体、更柔和。

 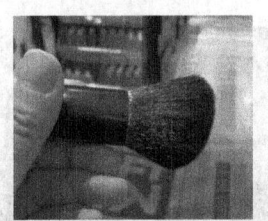

图 11-1-15　轮廓刷

4. 圆头眼影刷

圆头眼影刷（图 11-1-16）用于眼部底妆、上阴影及打高光。

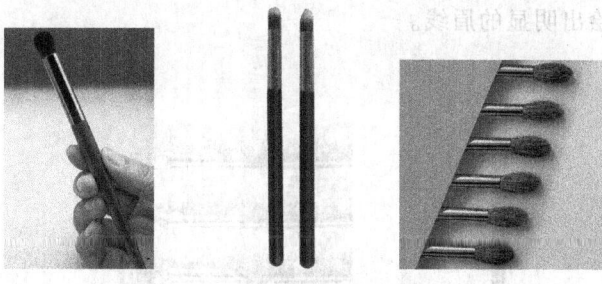

图 11-1-16　圆头眼影刷

5. 齐头眼影刷

齐头眼影刷（图 11-1-17）用于眼部眼影的晕染。

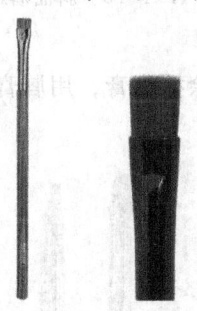

图 11-1-17　齐头眼影刷

6. 眼线液刷

眼线液刷（图 11-1-18）用于配合眼线液或眼线膏画眼线。

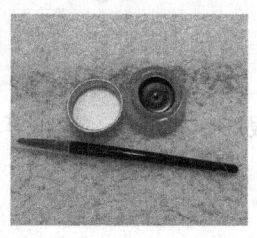

图 11-1-18　眼线液刷

7. 眉梳及眉毛染色刷

眉梳用来梳理眉毛，眉毛染色刷则是用于调整眉毛的浓淡，避免过黑、过重，也可以用眉毛染色刷涂上眉粉，直接刷在眉毛上（图 11-1-19）。

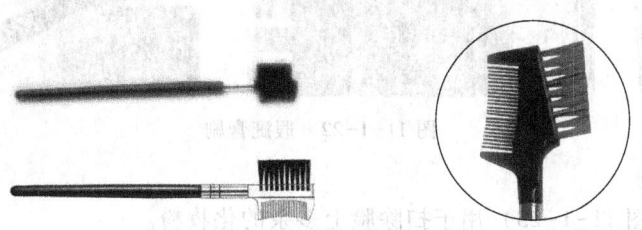

图 11-1-19　眉梳及眉毛染色刷

第十一章　好的形象从头开始　　169

8. 斜面眉刷

斜面眉刷（图 11-1-20）可用于描眉，还可以染眉及修补眉毛，并可以在原有眉毛的基础上描绘出明显的眉线。

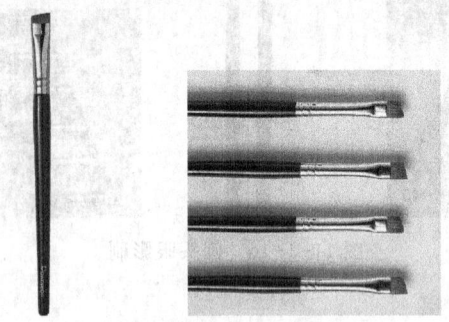

图 11-1-20　斜面眉刷

9. 唇膏刷

唇膏刷（图 11-1-21）用于涂抹唇膏，用唇膏刷涂抹出来的唇部会更饱满，唇部轮廓更清晰。

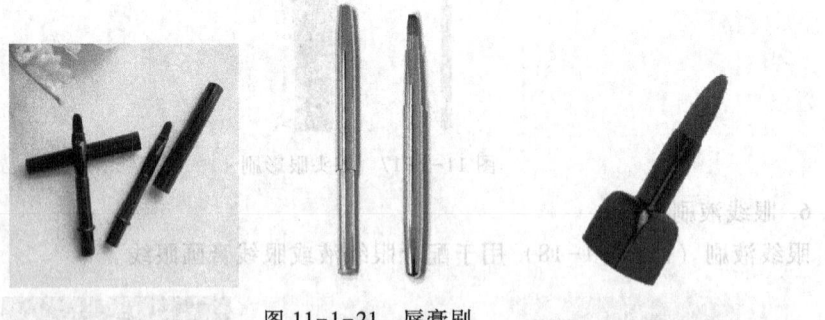

图 11-1-21　唇膏刷

10. 瑕疵膏刷

瑕疵膏刷（图 11-1-22）配合瑕疵膏涂抹面部瑕疵，如斑点、痘印等。

图 11-1-22　瑕疵膏刷

11. 扇形刷

扇形刷（图 11-1-23）用于扫除脸上多余的化妆粉。

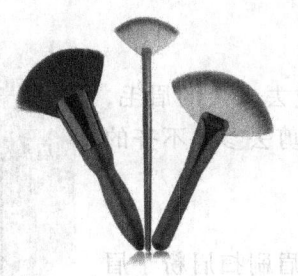 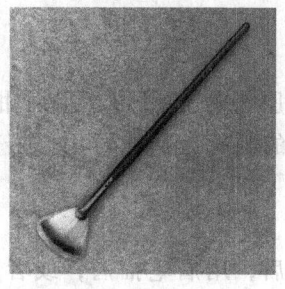

图 11-1-23 扇形刷

三、化妆步骤和技巧

（一）洁肤

在化妆之前要进行洁面，其目的是清洁毛孔，以防污物堵塞毛孔。可用面巾纸洗干净后，再用洁面乳、洗面奶等清洁用品进行搓揉，最后用洁面棉擦去脸上的洁面乳和洗面奶，若还未清洁彻底，可再用洁面巾清洗脸部。

（二）抹爽肤水

洁面过后给肌肤补充水分，可用小喷壶喷爽肤水；若没有喷壶，将爽肤水放于手心涂抹于脸上后，慢慢拍打以便吸收。

（三）抹眼霜

眼部的皮肤最为娇嫩，涂抹眼霜必不可少。

（四）打肌底液

肌底液可以很好地提高肌肤的渗透能力，更好地吸收后续护肤品的营养。

（五）抹润肤乳

润肤乳的作用为补水保湿，润泽提亮，相当于先让皮肤吸收一些营养。

（六）抹隔离防晒霜

隔离的作用是隔开彩妆、空气里的污物、辐射等；防晒的作用是保护皮肤不受紫外线侵扰。目前市面上有隔离霜和隔离防晒霜之分，如果只是隔离霜，则还需要涂抹防晒霜。

（七）抹粉底液

粉底液主要作用是遮掩瑕疵，改善肤色。要选用与自己肤色相近的粉底液颜色。可用乳胶楔形海绵涂抹粉底液，注意不能直接抹开，要由脸部内侧向外推开，从T区开始是最恰当的涂抹方式，一点点晕开的效果最为自然。对于瑕疵较深的地方，可用盖章式的涂抹方法，尽量遮掩瑕疵部分。

（八）抹定妆粉

定妆粉，顾名思义就是可以使妆容持久定型，尽可能地延迟脱妆的时间。其又称"散粉""蜜粉"。其作用是吸收面部多余油脂，减少面部油光，并全面调整肤色，令妆容更为柔和。

用较大号的散粉刷蘸取定妆粉后，轻扫在下眼睑、下巴、鼻梁、额头位置。若涂抹过多，可用扇形刷刷去多余的定妆粉。

（九）画眉

1. 修

按照自己的脸型修正眉形，用眉钳拔去多余的眉毛，修眉刀剃去多余的细软杂眉，再用修眉剪剪去参差不齐的眉毛。

2. 画

修整完眉形后，用眉笔描眉，或者用眉刷扫眉粉于眉毛上，最后用斜面眉刷勾勒出眉形轮廓。

在修饰眉毛时，眉粉的颜色应与毛发颜色相统一，眉形需要与五官相协调，显示出最自然的状态。根据眉毛的基本条件做到变而不俗，细而有度，形随脸变。

眉毛的长度比例为眉头与鼻翼成直线，眉尾与眉头在一条直线上，眉头、眉尾、鼻翼成直角三角形状（图11-1-24）。

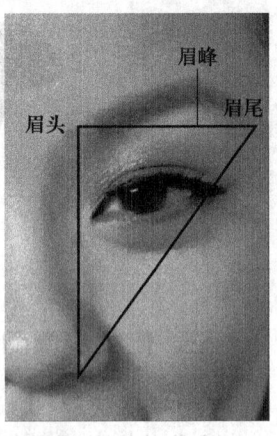

图 11-1-24　眉头、眉毛、鼻翼的关系

（十）画眼影

根据服装造型及颜色选取合适的眼影，用圆头眼影刷刷眼影，用齐头眼影霜晕染开眼影。眼影的基本的画法分有以下两种。

1. 环形画法

即以眼球的半圆面积涂抹眼影（图11-1-25）。

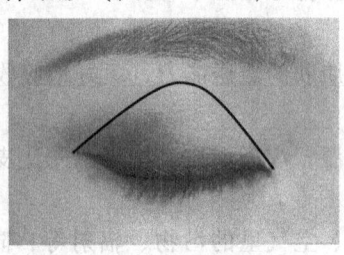

图 11-1-25　环形画法

2. 翼形画法

即以眼角向眼尾散开方式涂抹眼影（图11-1-26）。

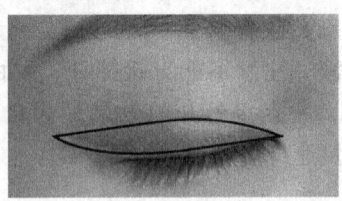

图 11-1-26　翼形画法

（十一）画眼线

通过眼线可调整眼睛轮廓和两眼之间的距离，并可修整改变眼睛的形状，使眼睛看起来更加有神。

眼线中间粗，则显得眼睛大；眼线在眼梢处延长，则显得眼睛狭长。

画眼线一般由眼角画向眼梢，通常是上眼线较下眼线粗。画时注意稳定手肘，用力尽量轻柔，小幅度移动。

眼线一般选取较深的颜色，黑色、棕色及深棕色比较适合东方人。

（十二）刷睫毛膏

刷睫毛膏之前，先用睫毛夹卷翘睫毛。可以将睫毛分为根部、中间、尖端三部分分别卷翘，效果会更好。

睫毛膏的颜色以深色为主，刷睫毛膏时须横握毛刷，从睫毛根部开始向尖端仔细涂刷，轻轻向上抖动的涂刷方式，可令睫毛更卷曲，还能避免睫毛液粘在眼周。刷完睫毛液后，用睫毛梳将睫毛小心地梳理开，形成根根分明的效果。

（十三）抹腮红

根据不同的场合及服装造型选择相应颜色的腮红，涂抹腮红需注意以下事项：

（1）在涂抹腮红时只需将刷子的毛尖轻轻接触腮红表面，不能用力过度。

（2）腮红刷蘸取腮红后，要把多余的粉去掉，刷出来的效果会更好。

（3）在涂抹之前，先在手背上确认一下腮红颜色。

（4）刷子最初落点的地方一定是颜色最深的地方。腮红的重点在笑肌外侧，使腮红刷在笑肌最高处的下方绕过最高点到外眼眶下刷涂。

（十四）抹唇彩

用唇彩笔勾勒出唇线，再轻轻涂抹上唇彩。上唇线的勾勒可从嘴唇中间开始，向左右两边呈弓形地描绘唇线；下唇线可在嘴唇中间先画一条很短的且与嘴唇相平行的线，再连接至上唇线嘴角处。用唇膏刷涂抹唇膏，使唇部更饱满，唇部轮廓更清晰。

四、化妆的礼仪

（一）适合各类场合的妆容

1. 淡妆

适合工作妆、日常妆、旅游妆。

2. 浓妆

适合晚宴妆、舞会妆、舞台妆。

3. 个性妆

种类丰富，常见的有可爱的天使妆、东方韵味古典妆、异国风情波西米亚妆、个性标新立异的烟熏妆，等等。

（二）化妆的原则

1. 妆面协调

化妆部位色彩搭配、浓淡协调。"一白遮三丑"，很多人就走入这个误区。皮肤黑黄的人切忌使用太白颜色的粉底液，否则对比色差大，不自然。

2. 全身协调

化妆时也可以与发型、服装颜色饰品搭配。例如，大波浪发型搭配稍艳色的服装时，可以试一下中国红妆容。

3. 场合协调

化妆与场合气氛尽量一致。日常办公可以选择淡妆。出席宴会、典礼、庆功会妆容可以浓一些。参加追悼会，素衣淡妆，忌使用鲜艳的红色妆容。

（三）化妆的禁忌

切勿涂抹过于浓厚的粉底液，当众补妆也是很不礼貌的行为，切忌带妆太久，这样会堵塞毛孔而对皮肤造成伤害。

第二节 发 型

发型是我们的第二张脸。选择适合自己的发型对个人的整体形象来说至关重要，不同的发型衬托出不同的气质和风格，巧妙地运用发型来修饰脸型，还可以弥补脸型方面的不足。

一、发型与脸型的搭配技巧

（一）方形脸或正三角形脸（图11-2-1①②）

这两种脸型共同的特点就是下颚较宽。可用斜刘海掩饰额头，切忌用齐刘海。用较多的后发修饰腮部，减少下颚的宽度。这两种脸型适合学生发型、齐肩中长发，不宜留长发。

（二）圆形脸（图11-2-1③）

这种脸型脸颊较圆润丰满，下巴线条不明显。这种脸型通常会显得比较孩子气，适合纵线条的直发。头发较多的话，可侧分，两边的不对称会显得脸型较瘦，或者在头顶或两侧增加头发的高度。若盘发或编辫，可在顶部增加装饰，拉长脸部线条。

（三）长形脸（图11-2-1④）

这种脸型上下落差较大，横向距离较小。留较为厚实的刘海可以缩短脸部的长度，避免中分及纵长的直发，后发可用弯发，可将头发留至下巴，两颊头发稍微短些，并尽量蓬松。切忌留中分发型。

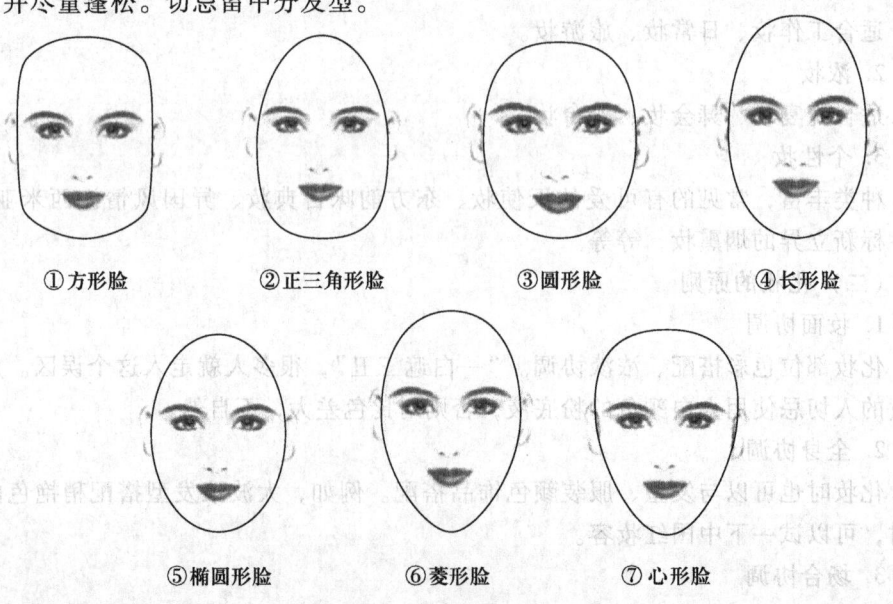

①方形脸　　②正三角形脸　　③圆形脸　　④长形脸

⑤椭圆形脸　　⑥菱形脸　　⑦心形脸

图11-2-1 脸型

(四)椭圆形脸或菱形脸（图 11-2-1⑤⑥）

这种脸型颧骨略宽于下颌，并且下巴凸显，是一种比较标准的脸形。这种脸型比较好搭配发型，可适合较多发型，主要在于想体现出什么风格的形象。

(五)心形脸（图 11-2-1⑦）

也称倒三角形脸，即上宽下窄，脸部的轮廓比较像 T 字形。这种脸型适合蓬松立体的椭圆形刘海，下颚两侧的发量尽量多些，看起来较为蓬松，上额两侧的发型则尽量服帖。

二、编发的种类与方法

发型可以给造型添加一抹亮色。作为学生或社会职员，在发型上不能另类，可以利用发饰和编发来增添时尚感。

编发种类繁多，都是由几种基础编发组合而成的。另外，精美的发饰也是修饰发型的重要一环。

（一）编发的种类

编发的种类有很多，在此按照头发编发的范围进行分类，将编发的种类分为半编发、全编发和部分编发。

1. 半编发

从耳后束出头发，将头发分成上下两层，上半部分进行编织（图 11-2-2）。可以将编织的发束随喜好进行结尾，再用发卡或花饰修饰。

图 11-2-2　半编发

2. 全编发

将头发全部进行编织（图 11-2-3）。可以从头顶开始编发，也可从头发后半部开始编起，再用发饰进行装饰。采用此种编发方法，头发便于打理，整洁且不凌乱。

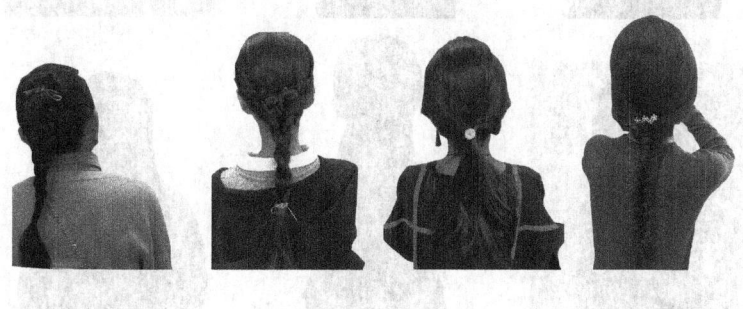

第十一章　好的形象从头开始

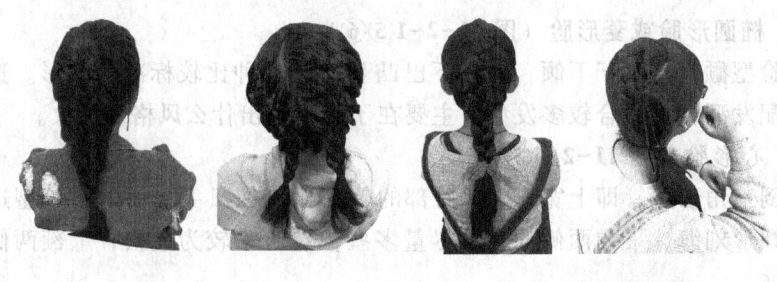

  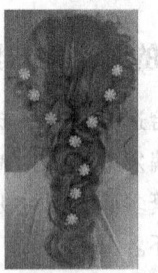

图 11-2-3　全编发

3. 部分编发

只对少部分的头发进行编织（图 11-2-4）。编发发束可随喜好挑选，并用发饰进行点缀。

图 11-2-4　部分编发

（二）编发的方法

头发编织的方法多种多样，在此主要介绍以下几种。

1. 蜈蚣辫

（1）发顶先抓起一股头发，若有刘海，可先将刘海放下（图11-2-5①）。

（2）将头发平均分成三股（图11-2-5②）。

（3）将右边的一束头发与中间一束头发交叉（图11-2-5③）。

（4）编发过程中再次取出一束头发（图11-2-5④），加入编发辫子之内（图11-2-5⑤⑥）。

（5）同样的操作继续往下编（图11-2-5⑦~⑩）。

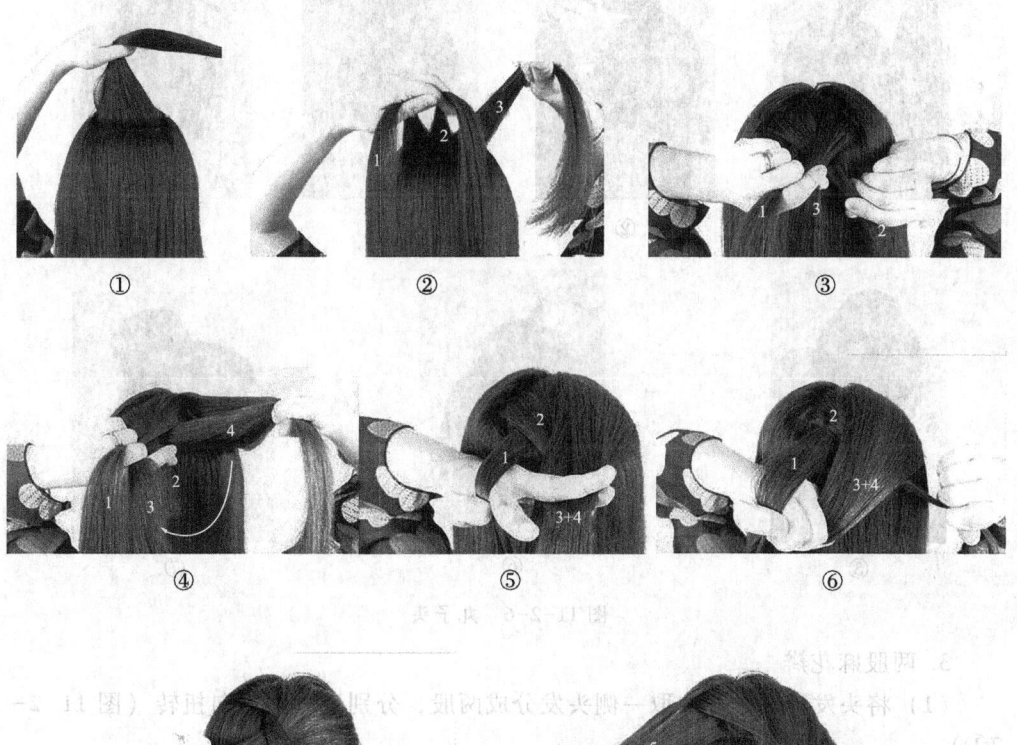

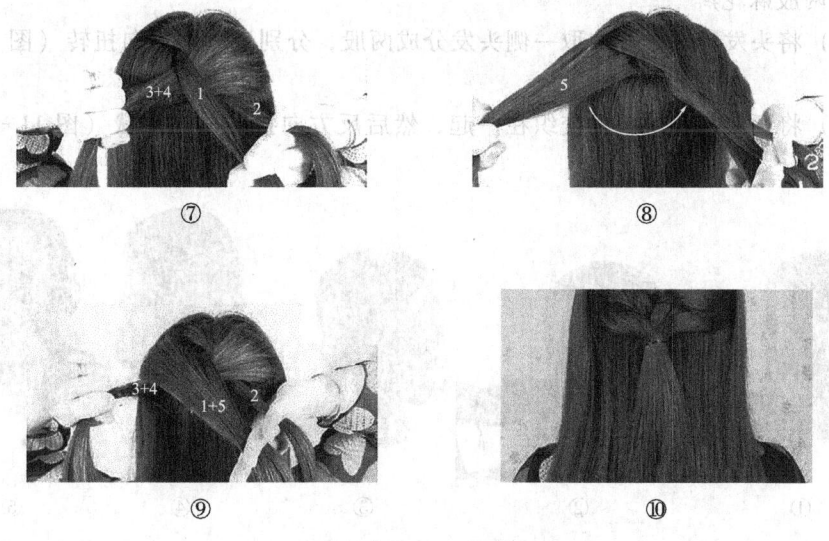

图 11-2-5　蜈蚣辫

可以根据自己的爱好选择发饰固定并装饰尾端，还可按照自己的喜好决定发尾是马尾，还是继续编织下去。

2. 丸子头

（1）首先将头发在头部偏高位置扎成马尾，并将马尾平均分成两股（图11-2-6①②）。

（2）将其中一股拧成发髻，并固定好（图11-2-6③④）。

（3）将另一股进行编织，绕已盘好的发髻，并固定好（图11-2-6⑤~⑦）。

图11-2-6 丸子头

3. 两股麻花辫

（1）将头发梳成中分，取一侧头发分成两股，分别进行同方向扭转（图11-2-7①）。

（2）将两股扭转的头发交织在一起，然后反方向扭转成螺旋状（图11-2-7②③）。

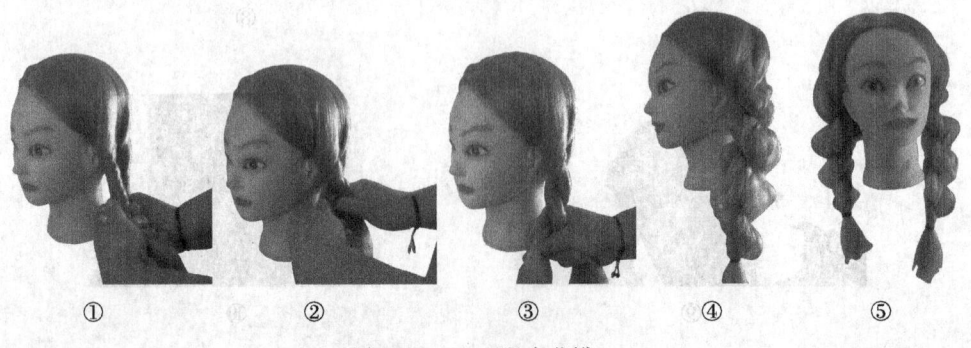

图11-2-7 两股麻花辫

（3）拉扯扭转好辫子的外围头发，使其看上去蓬松自然，在发尾处用发圈固定（图11-2-7④）。

（4）另一侧用同样的方式编织（图11-2-7⑤）。

4. 瀑布编发

（1）取出两小束头发作为基础，按照三股辫的编法添加一小束头发进去，并且让它垂下来。注意分清楚基础发束，不要混乱（图11-2-8①）。

（2）用同样的方法，添加发束，编至自己喜欢的长度，用小发圈收尾，并将发尾藏至头发下面；也可以在原来的基础上旁边取出一小缕头发编成三股辫（图11-2-8②③）。

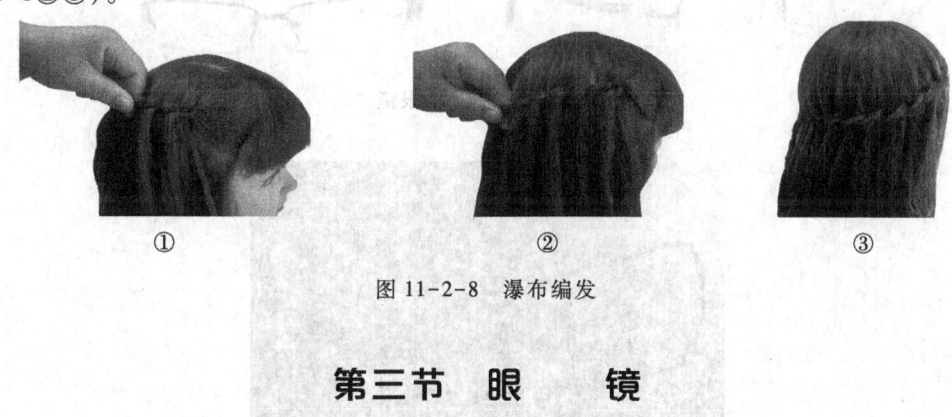

图11-2-8 瀑布编发

第三节 眼 镜

一、眼镜的分类

眼镜起到保护眼睛、修饰脸部线条的作用。如果搭配不当会直接影响整体造型。对于视力正常的人来说，也可以通过眼镜框修饰脸部线条。

如何选取合适的眼镜，先要了解眼镜的分类。

观看眼镜搭配视频

（一）按照外观设计划分

眼镜有全框、半框、无边框三种。

1. 全框眼镜

整个镜框包裹着镜片，安全性强，适合任何屈光度数，比较适合高度数的人群（图11-3-1）。

图11-3-1 全框眼镜

2. 半框眼镜

用一条鱼丝固定镜片，通常上半部分有镜框，下半部分没有镜框（图11-3-2）。度数比较高的镜片，外观会显得笨重。因此半框眼镜适合屈光度数在-6.00以下的人。

3. 无边框眼镜

镜框简单，由两条镜腿和一个鼻托构成（图11-3-3），较为精致。形状多变，质地轻透，但是容易破损，运动时不适合携带，不适合屈光度高的人群。

图 11-3-2 半框眼镜

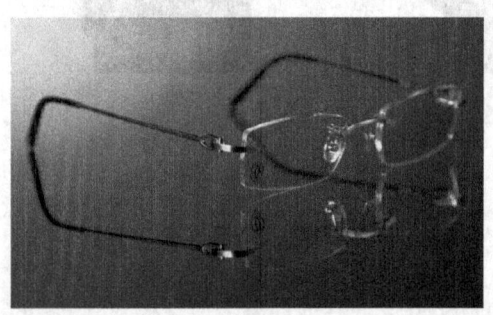

图 11-3-3 无边框眼镜

（二）按照眼镜框的材料来划分

眼镜框有金属、板材两大类。

1. 金属类眼镜（图11-3-4）

金属类又分普通铜合金、高端钛合金和贵金属等。中低档的镜框一般用铜合金来做，高档的镜框通常使用钛合金或贵金属制作。钛很轻，重量约为同体积钢铁的一半，耐腐蚀性强，做眼镜框材料很耐用，而且不会引起皮肤过敏。贵金属材质制成的眼镜一般是少部分人的追求。

2. 非金属类眼镜（图11-3-5）

非金属的类别叫板材。板材镜架颜色鲜艳，质感好，线条明显，所以应用较为广泛。

图 11-3-4 金属类眼镜

图 11-3-5 非金属类眼镜

二、脸型与眼镜的搭配方法

眼镜作为脸部线条的修饰品，其搭配方面的知识很多，不仅要了解脸型，还要配合衣着、场合。有时根据需要，还要经常更换眼镜。这对于大部分人来说很麻烦且不切实际。因此，在此归纳了两个基本的配镜原则：修正式方法和顺延式方法。修正式方法即镜框的轮廓不要重复脸部的线条。顺延式方法即如果最喜欢脸部的某一部分的线条，选择的镜架弧度可以重复喜欢的那部分线条。

（一）方形脸或三角形脸的眼镜搭配方法

这两种脸型的脸部线条比较硬朗，可以挑选镜框颜色较深的椭圆形的款式，或镜框两边有点凸出稍微向上翘的款式，避免挑选菱角比较明显款式，这样只会显得脸部的菱角过多，让人容易看到这两种脸型的短处，如图11-3-6所示。

图 11-3-6　方形脸或三角形脸的眼镜搭配方法

（二）圆形脸的眼镜搭配方法

亚洲人大部分是圆形脸，短短的、圆圆的、胖胖的、可爱的，这种脸型应该避免大镜框，也不适合正圆形或正方形的镜框，因为圆形镜框在圆形脸上会使脸部出现过多的圆线，正方形镜框会和圆润的脸部轮廓线条形成鲜明对比，使脸部更圆。圆形脸适合挑选镜框较粗的粗框，有流线形的扁方框或有菱角的扁框，镜框偏扁就行，如图11-3-7所示。

图 11-3-7　圆形脸的眼镜搭配方法

（三）长形脸或长方形脸的眼镜搭配方法

　　这两种脸型偏长，适合佩戴镜框鼻梁上下位置较宽，镜框腿宽且颜色较深的镜框，因为宽边大镜框能较多遮挡脸部的下半部分，从而打破长形脸的直线条感，如图 11-3-8 所示。

图 11-3-8　长形脸或长方形脸的眼镜搭配方法

（四）椭圆形脸或菱形脸的眼镜搭配方法

这两种脸型按三庭五眼来说是很完美的，很多演员是这种脸型。这种脸型可以尝试各种类型的镜框，如方形、椭圆形、倒三角形的镜框，更建议挑选稍大于脸部线条而且水平式的镜框，如图 11-3-9 所示。

图 11-3-9　椭圆形脸或菱形脸的眼镜搭配方法

（五）心形脸的眼镜搭配方法

脸部的轮廓特征接近 T 形，尤其下巴前翘比较明显。这种脸型适合佩戴圆形或椭圆形的镜框，镜框两边稍小于脸，忌两边向上翘，如图 11-3-10 所示，刚好跟方形脸和三角形脸相反。

图 11-3-10　心形脸的眼镜搭配方法

以上是选择眼镜框的简单方法，也是常规性的搭配。在这个过程中，最重要的是找对自己的风格。

第四节　丝　巾

观看丝巾系法视频

丝巾是围在脖子上的物品，用于搭配服装可以起到修饰作用。起初，丝巾只是用来抵御寒冷，但后来发展成为具有装饰功能的配饰（图11-4-1）。丝巾是最具变化性的饰品。

丝巾具有装饰、修饰脸形和保健等作用。丝巾可以用来装饰颈部、肩膀、上身和腰部。丝巾有三大特点：因靠近脸部，装饰效果明显，色彩丰富；物美价廉，变化多样（图案、面料、尺寸丰富）；用起来方便，携带方便，保存方便。

图11-4-1　丝巾的装饰效果

一、丝巾的分类

由于制作丝巾的材质、编织方法以及织线的种类千差万别，花纹也各不相同，丝巾给人的感觉上也存在很大差异。不同手感、质感、重量以及视觉张力的丝巾，佩戴在身上时会产生不同的效果。按材质丝巾分为丝质丝巾、麻质丝巾、棉质丝巾。

1. 丝质丝巾

丝绸是制作丝巾常用的一种材质。在万物复苏充满着勃勃生机的春季，丝质丝巾是诠释自然浪漫气质的最佳道具。

用这种材质制成的丝巾不仅拥有迷人的光泽，而且具有天然的褶皱，看起来自然、漂亮。佩戴这样一款丝巾非常适合出席正式场合。雍容华丽的丝巾垂于胸前，稳重却又不乏风情，美艳却不显轻佻，无声地彰显出人的品位和气质。

丝绸的天然纤维具有良好的保温性与弹性，而且在干燥多风的春季不会产生静电。丝绸的柔软，让其在塑造各种形状时丝毫不显造作。但丝绸丝巾容易被虫蛀，故存放时最好放防虫剂。

2. 麻质丝巾

每到盛夏，麻质丝巾就成了最合适的选择，因为麻质丝巾最能展现高贵脱俗的气质。这种材质的丝巾适合与任何夏装搭配。如果长期处于空调环境下，那么麻质丝巾更像是"时尚保镖"，既美观又能抵御空调对肩颈的伤害。

麻质丝巾容易起褶皱，但也正是那褶皱更体现出质朴、自然、随性的风格。在存放时，应轻轻折叠丝巾，切勿被重物所压，这样就不会产生无法抚平的死褶。

3. 棉质丝巾

在凉风渐起的秋季，棉质丝巾是最为贴心舒适的选择。棉质丝巾既能抵御瑟瑟秋风，其轻盈的面料又可以展示出个人魅力，这样的特点为棉质丝巾营造了休闲风格。需要注意的是，用草本染料染制的棉质丝巾在清洗时有褪色现象，因此不要与其他衣物混洗，以免被染色。

二、选择丝巾的注意事项

选择丝巾时,应注意以下几点,以凸显丝巾的搭配效果(图11-4-2)。

(1) 从布料和色彩辨别品质。好面料是第一要素,此外,丝巾边以手工缝制为上选。印花色彩必须均匀,一般而言,色彩越丰富,品质越好。

(2) 依身材特色来挑选。例如:脖子短的人,挑选薄一点、小一点的丝巾,系结最好系在颈侧,或松松低低地系在胸前;娇小玲珑的人,应避免太烦琐、太长的系法。

(3) 留意有无特殊设计。有特殊设计的丝巾要用特殊的佩戴方法来展现创意。选择时必须留意图案,一定要亲自试带。

(4) 要符合个人风格。如果属于可爱型,那么丝绸丝巾将是最好的选择;透明的纱质丝巾适合浪漫风格;想尝试前卫风格,带有亮泽质感的丝巾会有意外的效果。

(5) 当选择丝巾时,首先要做的是将其贴近脸部,看看丝巾的颜色与脸色是否相配。需要注意的是,有些丝巾的色彩设计虽然很好,但颜色不适合自己,需慎重选择。

(6) 选择丝巾时,可将各种颜色做比较,再从远处照镜子,确认丝巾与体形、服装整体效果的配合情况。同时,还要注意后背效果和侧面效果。然后,再将丝巾结成平时常用的形状进行试戴。这样才知道这种图案所表现出的风格和效果。

(7) 在挑选丝巾时,还要考虑与口红颜色、腰带或提包等小饰物的配合效果。

图11-4-2 丝巾的搭配效果

三、脸型与丝巾的搭配方法 (图11-4-3)

(一) 圆形脸的丝巾搭配方法

脸形较丰润的人,要想借助丝巾让脸部轮廓看起来小一些,关键是利用丝巾下垂的部分,尽量拉长丝巾下部以强调纵向感,并注意保持从头至脚的纵向线条的完整性,尽量不要中断。

系花结的时候,选择适合个人着装风格的系结法,如钻石结、菱形花、玫瑰花、心型结、十字结等,避免在颈部重叠围系过分横向以及层次质感太强的花结。

(二) 长形脸的丝巾搭配方法

左右展开的横向系法能展现出领部朦胧的飘逸感,并减弱脸部较长的感觉,如百合花结、项链结、双头结等。另外,还可将丝巾拧转成略粗的棒状后系出蝴蝶结状,不要围得过紧,尽量让丝巾自然地下垂,渲染出朦胧的感觉。

（三）倒三角形脸的丝巾搭配方法

从额头到下颌，脸的宽度渐渐变窄的倒三角形脸型的人，给人一种严厉、面部单调的感觉。此时可利用丝巾让颈部充满层次感，华贵的系结款式会有很好的效果，如带叶的玫瑰花结、项链结、青花结等。注意减少丝巾围绕的次数，下垂的三角部分要尽可能自然展开，避免系得太紧，并注重花结的横向层次感。

（四）四方形脸的丝巾搭配方法

两颊较宽，额头、下颌宽度和脸的长度基本相同的四方形脸型的人，容易给人以缺乏柔媚的感觉。系丝巾时尽量做到颈部周围干净利索，并在胸前打出些层次感强的花结，再配以线条简洁的上装，演绎出高贵的气质。

图 11-4-3　脸型与丝巾的搭配

四、丝巾的搭配技巧

丝巾搭配大有学问，如白外套配深蓝丝绒巾，灰色外套配大红丝巾，杏黄外衣配玫紫丝巾。当外套与丝巾色接近时，可用闪亮的别针来协调等。值得注意的是，要搭配出高雅效果，应特别讲究衣饰的衣领。比如，毛衫选套头高领者为宜，大衣则以有V型领、翻领者为佳。这里介绍几款富有意趣的装扮，也可见图 11-4-4。

（1）长形枣红色碎花真丝巾搭配灰色服装，可使人显得跳动灵性。

（2）披领赭色大衣搭配玫红底淡白色花形的方形丝巾，在领口正中或稍向旁侧打结，会使人显得高贵矜持。

（3）把一条红色带橘红色花图案的丝巾绕颈于胸前交叉，两头穿过肋下在背后打个结，披上外套，独特的个性就会栩栩如生地显露出来。

（4）文静纯净、善于创造的女孩可在颈上用纯白丝巾扎成两朵娇气十足的蔷薇花。

（5）活泼外向的女孩可以用几块五彩斑斓的边长为32~40厘米的小方巾，叠成"冬帽"，民俗化、抽象化乃至后现代派的喷染工艺，会给"头上风景"带来意外惊喜。

（6）富于艺术直觉的女性，可选择那种带有清幽香气的高级丝巾，时时让熏香飘动。这种丝巾多是立体感较强的花，如纤细的牵牛花、高贵的兰花等。

（7）一条洁白的丝巾，将一端打结，另一端重复两次穿过那个结，如此佩戴丝巾会令女士看上去端庄秀丽。倘若配上盘发，着浅蓝或绿色的上衣，更显漂亮大方。

（8）黑底碎花的长丝巾，将两端交叉后，其中一端向前绕过，以简单的佩戴方式配上清爽的短发和白色的上衣，显得人文静、清纯、美丽。

（9）藕荷色的轻薄丝巾，在胸前打一个大蝴蝶结，结上别一个精美的小饰物，若配上潇洒的乱妆或浪漫飘逸的披肩长发，着一件红色上衣，让人感觉热情奔放、充满青春活力。

（10）选一条浅色的方块小丝巾，折成三折绕颈打结，再将一端窝起再结一次，配上一条黑亮的辫子或长刷子，着浅红色上衣，显得人娇柔甜美、含情脉脉。

（11）西部牛仔结将小方丝巾折成三角形，向颈后围绕，两端交叉绕回颈前，穿进丝巾扣，将丝巾扣向上推至颈部，合上扣环，整理即成。若配以夹克装、运动装，更显自由奔放。

图11-4-4　丝巾的搭配技巧

丝巾搭配真可谓五彩缤纷、多姿多彩。丝巾以其华丽的外观与柔软清爽的质感成为最实用、最受欢迎的饰物之一。丝巾搭配可尽情发挥，以点缀生活，增添魅力。

课后练习题

1. 为自己化一个适合去面试的妆容，并说说有哪些注意事项？
2. 整理自己的化妆包，并说说化妆工具的使用方法。

第十二章 色彩搭配

▶ 观看色彩搭配1视频

第一节 色彩特征分析

▶ 观看色彩搭配2视频

色彩搭配是一门艺术。一种颜色代表一种风格，不同颜色通过巧妙的搭配可以展现出多种风格。颜色搭配，还能直接展示审美品位。

一、色彩的三大属性

颜色大体分为有彩色系和无彩色系两大类。其中有彩色系展现为色环谱上的各种颜色，而无彩色系指白色、黑色和灰色三种颜色。

色彩有三大属性，即色相、明度和纯度。这三种属性从根本上控制着色彩的变化。

🔍 查看有彩色系和无彩色系

（一）色相

色相指色彩的相貌，红、橙、黄、绿、蓝、紫就是六种基本色相。色相的命名有以下几种：

以动物命名：孔雀蓝、象牙白、蛋黄、鹦鹉绿等。

以植物命名：桃红、藤黄、茶色、檀紫、橘红等。

以矿物命名：金银铜、琥珀、翡翠、铁灰等。

以自然命名：天蓝、土黄、夕阳红等。

🔍 查看色相

（二）明度

明度指色彩的明亮程度，即色彩在明暗或深浅上的不同变化。

在同一色相中加入不同程度的白或黑，明度会发生相应的变化。例如，在黄色中加入白色越多，明度越高、越亮，变成浅黄；若加入黑色越多，则明度越低、越暗，变成深黄。

在不同色相中的明度变化是指不同颜色的明暗程度也存在不同，如在六种基本色相中，明度由高到低排列为黄、橙、绿、红、蓝、紫。

橙黄色、黄色、黄绿色为高明度色。红色、绿色、蓝绿色为中明度色。蓝色、紫色为低明度色。

（三）纯度

纯度指色彩的纯净程度，是指色彩的饱和程度。当一种颜色的色素含量达到极限强度时，可发挥其色彩的固有特性，颜色便会显得非常醒目。

在同一色相中加入不同程度的黑或白都会影响色彩的纯度，且加入越多，纯度会越低。例如，在红色中加入白色越多，纯度越低。

🔍 查看色彩的纯度

不同色相存在着不同的纯度，其中以原色的纯度最高，其次是间色，最后是复色。

不同纯度的色彩搭配可获得不同的对比效果，纯度越高，色彩越鲜艳，纯度对比越强，呈现的效果也就越鲜明艳丽。加入白色，纯度会变低，色彩变浅淡，纯度对比弱，呈现的效果更含蓄、柔和。

查看加入白色的搭配范例

二、色彩中的黑白灰

1. 黑色

黑色是永恒、高贵、经典的代名词，而且永远不会过时。黑色的收缩感是有目共睹的，因而丰润的女性多会选择黑色服装。黑色既能唱主角也能当配角，既能上（上装）又能下（下装），既能跑里（内装）又能跑外（外套），而且鞋子、箱包、袜子等生活必需品也少不了它。

查看黑色搭配范例

在色彩的万千世界中，黑色是最经典、最易配、最省事、最保险的，它耐脏且百搭，能掩饰服饰的做工、面料及款式上的缺陷，并且跟冷暖色都能配，但相比之下，衬托冷色系效果更好，因而色彩师将它归到冷色系。

在暖色系中，应采用深棕色、深灰或橄榄绿来代替黑色。作为暖色系中的百搭色，它们不仅有黑色的效用，而且比配黑色更协调，建议暖肤色的人少用黑色。

黑色的沉重感较为强烈，丰满且不高挑的人，"一身黑"会使重心下沉，显得更矮。黑色服装却是显露精美首饰的最佳配角，明亮花色的围巾、丝巾和配饰可以为黑色着装增添亮色。当上下装都是黑色时，选用不同质地或暗纹的面料作对比可以产生层次感，加上饰品点缀可以达到锦上添花的效果。

穿黑色服装时，充分运用自己的灵感，选择款式、面料以及配饰，突出亮点和变化，增加趣味性。

2. 白色

白色同样是受欢迎的基本色，可以与大多数颜色相配，任何深沉的、杂乱的、狂野的颜色与白色相配之后，都能增添一分清、亮、静、雅。例如，穿暗色的服装，配白色衬衣可提高服饰整体明亮度；而穿鲜艳的颜色时，配白色可使人看上去更文雅。

查看白色搭配范例

冷色系多选配纯白色，暖色系则配米白色、象牙白或牡蛎色。例如，咖啡色配米白色最易体现暖色系的和谐感，这叫"咖啡加奶茶"；而迷人的粉色、紫色或玫瑰红配纯白色则更凸显女性的美艳。

白色既具有青春少女的浪漫情怀，又能演绎职场丽人的沉着干练，它还是时尚的宠儿。白色可轻松营造出一种干净清爽的色彩氛围，表现出人们对纯洁、明亮的向往和追求。

3. 灰色

灰色具有稳重、中性、知性。灰色同黑色、白色、海军蓝以及棕啡色系等常用的基础色一样，是最安全和最易搭配的色系。它们是服饰百搭色系中最忠实的底色，不易受流行色所影响。灰色介于黑白之间，细分有从深到浅的无限过渡色，也可从偏冷或偏暖色调来划分。懂得添加深灰色、浅灰色和棕灰色的外套、下装或西装，

查看灰色搭配范例

学会轻松驾驭成熟风和职场风。

同样是灰色，不同的面料蕴涵着不同的情感。例如，灰色毛料套装几乎是白领女性的象征，它正统、庄重、大方又有权威感，适合在拜访客户或出席会议等正规场合穿着。面料的厚度、光感和透明度也是选择的重点，选出适合自己的款式是将灰色穿出风采的关键。

灰色与其他基础色搭配极具品味，如灰色与白色、灰色与黑色、暖灰色与咖啡色系列等。灰色有冷灰与暖灰之分，灰色较适合与偏冷色的首饰搭配，如银、钻、珍珠等，它与银色系的佩饰搭配效果最好。

男士习惯穿蓝色或蓝黑色的长裤，若想要为自己的形象增色，可添置深灰色、浅灰色和暖灰色的上装。常见的西装为深灰色或浅灰色。上装浅灰就搭深色下装，喜欢暖色调的就衬暖灰色。无论男女，浅灰色的单品西装是职场的必备战衣。

三、色彩的情感特征

色彩有三种情感特征：轻重感、收胀感和冷暖感。

有一对大小相同的空箱子，分别涂抹成黑色和白色，会觉得黑箱比白箱重，这就是色彩的轻重感。

在日常生活中，鞋子较容易脏，但是运动鞋和休闲鞋大多以白色和浅色为主，这是为什么呢？这是因为浅色的鞋在脚下，好像轻飘了，原理就在于色彩的轻重感。具体来说，上身穿浅色而下装配深色，给人踏实和稳重感；相反，上身穿深色而下装配浅色时，就会给人朝气蓬勃感。

1. 色彩的轻重感

上装浅色搭配下装深色显稳重、成熟、严谨，上装深色搭配下装浅色显轻松、年轻、活力。

色彩的轻重特征如何用在职场上呢？无论去应聘还是去上班，要想让自己显得成熟稳重，需要选择"下重上轻"的配色法，特别是会见客人或是出席正规场合的时候，但不是一定要下装穿黑上装穿白，只要下装的裙子、裤子或鞋子比上装深就能出这种效果。

查看色彩的轻重感搭配范例

相反，要想使自己表现得活泼有朝气，则应该选择"下浅上深"的配色法。

2. 膨胀色与收缩色

暖色调、对比度强或是较明亮的颜色显得离我们近些，因为在视觉上它们具有前进感，即显膨胀；而偏冷色调、对比度弱或是较黯淡的颜色显得离我们远些，因为在视觉上它们具有后退感，即显收缩。

深色的衣服能使人看起来瘦一些，鲜艳的衣服看起来则偏丰满，将膨胀与收缩的色彩特性巧妙地用在着装上，就不需要只靠黑色来塑身，可以尝试其他收缩色。

查看膨胀色与收缩色搭配范例

将浅色穿在里面，深色套在外面，不仅可以使整个人显得精练，而且也可以使身材显得苗条。浅色通过合理搭配，丰满的人照样能穿出好效果，选对收身的剪裁款式更是硬道理。

深色显收缩，浅色显膨胀；冷色显收缩，暖色显膨胀；暗色显收缩，艳色显膨胀。

3. 色彩的冷暖感

色彩的冷暖属性，是指颜色给人心理上的冷暖感觉，颜色的冷暖不是绝对的，而是在相互比较中显现出来的。偏暖偏黄的色彩归在一起比较协调，而对应的一类就是偏冷偏蓝调的色彩。

色彩的底色调带蓝有清凉之感，这类色彩统称为冷色系。色彩的底色调带黄有温暖之感，这类色彩统称为暖色系。

查看色彩的冷暖感

例如，纯红色加了一点蓝色就偏紫红色了，而红色加了些黄色就偏橙红色了，紫红色就属冷红色调，橙红色就归在暖红色调了。同样，绿色是由蓝色和黄色组合而成。其中，蓝色的比例偏多时，就是偏冷的蓝绿色；黄色的比例偏多时，则是偏暖调的黄绿色了。

服饰色彩搭配的基本技法是暖色配暖色或冷色配冷色。

脸部肤色也可以细分为冷暖明暗色调，所以从专业的角度来要求的话，每个人选什么样的装扮色彩都应该以自己的肤色为依据。

第二节　色彩搭配方法

一、色彩搭配原理

1. 类似色相配色

在色相环上 30~60 度内的两种色相配，色相弱对比，色相调性明确，统一有余，但是变化不足，这类配色体现出和谐、柔和、雅致、耐看的效果。

2. 对比色相配色

在色相环上 120~150 度内的两种色相配，形成强烈、兴奋、明快的效果；对比鲜明、饱满、丰厚，但需要控制相互之间的色量、面积、位置和色调的关系。

3. 补色色相配色

在色相环上处于大约 180 度的对应位置的两种色相配，极具刺激性，色感饱满、眩目、活跃、生动、华丽，体现粗犷、喜悦的风格，是原生态的常用表现手法。

二、色彩搭配的实用技法

色彩搭配有三种实用技法：冷暖色搭配法、呼应色搭配法和图案色搭配法。

在进行个人形象装扮时，首先考虑的是色彩搭配。要保证着装色彩的美观和谐，并不只是简单地考虑上装配什么颜色的下装，绿色的花裙配哪种颜色的上衣，或者只会深色和浅色的区分。例如，红色并不单单只有浅红和深红，根据红色的深浅和浓淡，红色有正红、橘红、玫瑰红、铁锈红、褐红、西瓜红等。

在缤纷的色彩世界里，每一种颜色，如红色（称为色相）都可以从冷暖调子细分为冷红色系或暖红色系，从明度划分有明艳的红色和暗淡的红色，从纯度可分为纯度高的红色和纯度低的红色。

查看红色

所以，在研究着装色彩搭配时，只从单一色相考虑怎样配色就显得浅显，也不具体。首先要确定是哪种红色，再根据相应的冷暖色调来搭配合适的服装。配色时并不是纯色配纯色、鲜色配鲜色，更不是深色搭深色或浅色搭浅色。

红橙黄色等属于暖色系，蓝青紫色等属于冷色系。但是颜色又根据不同的纯度和亮度表现出独特的风采。因此，在着装配色中要显得有品位，首先需要将颜色区分为冷色和暖色。暖色配暖色，而冷色就衬托冷色，这是配色的基础技法。然后，考虑两色之间的纯度或明度的色调平衡感，以及根据个人外观特征、身份以及场合来选择配色手法。

其中，百搭的色群可分为暖色系的百搭色和冷色系的百搭色。

（一）冷暖色搭配法

掌握着装色彩的搭配技巧，首先要学会分辨冷暖色系。

在暖色系中，偏浅或偏艳的颜色有黄绿、亮橘、杏桃色、杏色、象牙白、浅棕、浅褐、驼色等；偏浓郁的有橙色系、橙红色系、金黄系、金色系、棕褐色、砖红色、暖绿色系、暖蓝色系等。

咖啡色系、奶白色、暖灰色系及暖绿色系，它们都是暖色系中的百搭色。也就是说，它们是暖色系的基础色，比较容易陪衬其他暖色。其中暖灰色系为由深到浅的多种暖灰色，其他色系亦然。

暖色系的百搭色有米白、杏色、驼色、暖灰色系、卡其、棕啡、灰绿、金黄色系、金色系、棕褐色、砖红色、暖绿色系、暖蓝色系。

查看暖色系的百搭色及搭配范例

冷色系中常见有浅淡的冰色系和粉色系，如粉蓝、粉红、粉紫、粉蓝、玫瑰红、绿蓝灰、灰蓝、灰绿、豆沙色、灰酒红等。较纯正及沉重的冷色系，如正红、正蓝、正绿、正黄、桃红、酒红、宝蓝、银灰、黑褐色，当然包括黑色、冷灰色系、纯白色、海军蓝以及偏冷调的紫色系等。

冷色系的百搭色有纯白、粉色、黑色、海军蓝、皇家蓝、藏蓝色、蓝灰色、银灰、深紫蓝、冷紫色系、冷灰色系等。

查看冷色系的百搭色及搭配范例

解决服饰配色之道，就要活用百搭色系，在生活中做到既易搭配又美观，既省时又省钱，就需要充分采用百搭色（也称中性色），它们比较容易与其他色彩陪衬，常常充当配角。下装、外套、大衣、腰带、鞋子、包袋和配饰都该以百搭色系为主，只有这样才更容易达到一物多用的合理配置。

（二）呼应色搭配法

当挑选眼影颜色时，通常需要关注服装的主色，依据上装的色彩或饰品色来做定色的参考，这就是采用了呼应配色的技巧。

在每一次的搭配中，身上有2~3种颜色是同色相的，以产生色彩视觉的重复性，这就是呼应搭配的基本原理。要使呼应的视觉效果更明显些，就以图案面积最大的、最浓重的或最明艳的颜色为呼应的主打色。服装店里搭配好的服饰，整体看上去就有和谐之美，因为运用了相呼应的配色原理。

查看呼应色搭配范例

呼应色搭配法应用范围：上装—下装，内衣—外衣，服装—饰品，饰品—饰品。

在色彩搭配技法中，常采用到同一色系的深浅配色技巧，这也是呼应技法的另一种更美妙的体现，在同一色相中选用不同色调进行搭配，俗称为深浅色陪衬。例如，淡紫色配深紫色或者浅灰色配深灰色等，这样的深浅配色更突出百搭色的效果。

(三）图案色搭配法

色彩搭配看起来不好掌握的原因是服装上的图案花色过多，使得无从入手。因为色彩多了就难分冷暖色和深浅色了，那配黑、白、灰准没错。这是其中一种方法，但不是最妙的，更不是唯一的。

服饰色彩千变万化，有素雅的单色，也有呈现丰富花纹图案的多色。首先要清楚服饰色彩配搭的三种情况：单色配单色、单色配多色、多色配多色。

查看图案色搭配范例

1. 单配单，最简单

按照冷色配冷色、暖色衬暖色的方法来归类后，再决定选择用对比还是渐变等配色技法。

2. 单配多，效果妙

翻翻杂志，看看橱窗，目前操作最多、最显层次、最常用的手法就是以单色配多色图案，图案中任何一种颜色都可以是配色的依据。其中，选用面积较大、色调较显眼的或较艳丽的为参照色系，所产生的呼应效果最妙，这也是呼应配色技法的具体应用。黑、白、灰作配色较容易，但是可操作性的变化太少了。

在日常交往中，人们通常会将目光落在对方的脸上，因此上装的注视率高于下装。那么在配置服装时，建议有漂亮色彩和图案的上装、配饰约占70%，而素色或单色约占30%。至于选图案中的哪个色为配色，这要根据个人的气质风格、身型特征以及所要出席的场合而定。

上装有图案时，下装配素色为佳；内装有图案时，外套配素色为佳；服装有图案时，包袋配素色为佳；服装是素色时，配饰选有图案的为佳。

3. 多配多，分主次

两件都有多色图案的服饰同时穿着时，两者的花色应该采用一明一暗、一大一小、一主一次。一个大图案用另外一个暗花作陪衬，主次要分明，这也回归到单色配多色的原理。太多的靓色不要一次全秀出来，每次只要一个亮点就足够，太多就没有重点也显得低档了。

查看三大技法的配色应用范例

以上三大技法应充分体现在多方面的配色应用上，如上身服饰与肤色、服装与服装、饰品、彩妆与脸色、服饰，染发色与肤色、彩妆、服饰。

三、服饰的配置原则

在现有衣服、饰品的基础上，按季节和场合把衣服分类搭配，找出衣橱中急需补充的单品，以便有计划地购置。当给衣橱做过整理后，只需根据天气和场合在衣橱中选取合适的服饰。

查看服饰的配置原则应用范例

"多快好省"是服饰配置的原则之一，其主要内容是：以素色下装配有图案的上身装，用花色的内装润色暗纹的外套；服装单调时，包袋、丝巾、腰带和饰品选用对比色来提亮。

多是指运用色彩搭配，将已有的服饰通过搭配变化出更多的风格。快，即无论在选购或是装扮时，都能准确、快捷地找到理想的搭配。好，即掌握装扮技巧，提升穿衣品味。省，即花同样的钱，所购置的服饰更易配、使用率更高，省钱省时更省精力。

职场服饰配置要略为：先服后饰，先花后素；上先下后，上多下少，上花下素；外先内后，外少内多，外素内花。

家中服饰储备有三原则：色彩丰富选择多；中性色齐搭配易；款式精简适应广。

第三节　肤色与色彩搭配

个人着装色彩类型的判定主要依据肤色，肤色基本分为偏暖肤色和偏冷肤色两大类。再依据神态的稳重变化细分，其中暖肤色又细分为浅暖肤色（春意型）和深暖调肤色（秋意型），冷肤色细分为浅冷调肤色（夏意型）和深冷调肤色（冬意型）。

查看依据肤色判定着装色彩类型范例

粉色属浅冷调，它显得柔情、翠嫩、雅致，它是温柔的代名词，因此，粉色是美容或彩妆等的专有色首选。大多女子喜欢淡粉色调的上装或连衣裙，这种色调加上薄薄柔柔的面料，雅致又柔情。而往往喜欢粉色的大多是春意型肤色的女子，她们的外表和气质是优雅或可爱的。

很多天生暖肤色的女子特别是肤色属春意型的，穿上夏意型的粉色这种冷色系后，总显脸色白，不是白里透红，而是白里泛青，显得无精打采，误以为她们贫血或处于月经期。当她们换上浅嫩的暖春色后，脸上瞬间就如洒满阳光似的，气色红润，精神焕发。

对颜色的认知，有时会比较单一，不会考虑服饰里还要分亮点或暗点、纯或浊、偏暖或偏冷调等；认知概念中只有深和浅两种，易选错配色；忽略服饰之间的色彩搭配。提到色彩搭配，人们通常单纯指服饰之间的色彩关系，而忽略了肤色与染发色、彩妆和服饰色彩的调和关系。

一、春意型肤色

1. 春意型肤色特征

象牙白、杏桃色、杏黄、蜜糖色、浅金褐。

2. 春意型属性

活力、清新、光彩。

3. 春意型典型用色

黄绿、亮橘、杏桃色、杏色、象牙白、浅棕、浅褐色系、驼色等。

4. 配色依据

中高明度、高纯度的、暖基调的肤色人群适合鲜艳明亮的色彩群，带给人强烈的印象，对比度较高。

5. 色彩搭配的原则

在色彩搭配的规律上遵循清晰明了、有对比效果的原则，突出朝气和俏丽。

查看春意型肤色用色及搭配范例

二、秋意型肤色

1. 秋意型肤色特征

象牙白、桃红、杏黄、蜜糖、褐色、金黄。

查看秋意型肤色用色及搭配范例

2. 秋意型属性

浓郁、温暖、感性。

3. 秋意型典型用色

橙色系、橙红色系、金黄色系、金色系、棕褐色、砖红色、暖绿色、暖蓝色系。

4. 配色依据

中低明度、中高纯度的、暖基调的肤色人群适合沉稳厚重的色彩群，给人成熟自然的印象，对比度弱。

5. 色彩搭配的原则

适合在色彩搭配规律上遵循弱对比和渐变效果的原则，突出稳重华丽，不适合强烈对比效果。

三、夏意型肤色

查看夏意型肤色用色及搭配范例

1. 夏意型肤色特征

粉红、灰褐、粉褐、灰暗红。

2. 夏意型属性

柔和、浪漫、沉静。

3. 夏意型典型用色

粉蓝、粉红、粉紫、粉蓝绿、蓝灰、灰蓝、灰绿、豆沙色、灰酒红、灰色。

4. 配色依据

高明度、中低纯度的、冷基调型的肤色人群适合柔和典雅的色彩群，给人贤淑的印象，对比度弱。

5. 色彩搭配的原则

适合在色彩搭配规律上遵循相同色系或相邻色系的浓淡效果的原则，突出温柔素雅的气质，不适合强烈对比效果。

四、冬意型肤色

查看冬意型肤色用色及搭配范例

1. 冬意型肤色特征

青白、青白微粉、灰褐、青褐、灰橄榄。

2. 冬意型属性

干净、明亮、强烈。

3. 冬意型典型用色

正红、正蓝、正绿、正黄、桃红、酒红、宝蓝、纯黑、纯白、银灰、海军蓝、黑褐色和冰色系。

4. 配色依据

中低明度、中高纯度的、冷基调型的肤色人群适合鲜艳对比的色彩群，带给人冷艳的印象，对比度强。

5. 色彩搭配的原则

适合在色彩搭配规律上遵循不同色系之间的对比搭配原则，突出醒目强烈的气质，不适合同色系搭配。

五、肤色鉴定

暖色系参考布：米白、杏色、暖灰、卡其、棕啡、灰绿、金黄色系、砖红色、暖绿色、暖蓝色。

冷色系参考布：纯白、粉色、藏蓝色、玫瑰红、深灰蓝、银灰、深紫蓝、冷紫色、冷灰色等。

查看暖色系参考布

1. 女士肤色专业测色布

浅暖色	浅冷色	深暖色	深冷色
鲑肉色	粉色	深桃色	金钟紫
清金色	浅蓝黄	芥末黄	柠檬黄
橘红色	玫瑰粉	铁锈红	蓝红色
浅黄绿	浅正绿	苔绿色	正绿色
绿松石	天蓝色	凫色	皇家蓝

查看冷色系参考布

2. 男士肤色专业测色布

浅暖色	浅冷色	深暖色	深冷色
暖灰色	深灰色	橄榄绿	炭灰色
皇家蓝	深灰蓝	深棕色	海军蓝
棕金色	可可色	沙青色	黑色
象牙色	乳白色	牡蛎色	纯白色

查看男士肤色专业测色布

3. 人物肤色鉴定流程

（1）用白围布遮挡上半身的服饰色彩。

（2）卸妆及整理头发。

（3）观察整体的色特征。

（4）先用浅暖色与浅冷色布作对比测试，再用深暖色与深冷色布作对比测试，用金色与银色布作冷暖结果验证。

查看人物肤色鉴定

（5）比较浅暖色布与深暖色布，以及浅冷色布与深冷色布鉴定色彩深浅的偏向。

（6）用测色布及口红作正反造型对比。

（7）用适合的色彩群作色调鉴定。

（8）用示范布及丝巾作生活造型对比。

课后练习题

1. 判断自己的服装属于冷色系还是暖色系。
2. 通过色布比对，你属于哪种肤色人群？

第十三章 款式风格塑造

第一节 不同风格特征的款式塑造

观看款式风格塑造视频

一、风格特征基础知识

人外形风格特征是指由五官、脸形、身架等综合在一起所散发出的外在气质。容貌神态直接影响领型、眼镜、发型、发饰、耳坠、项链和胸针的款式选择；五官和脸形的比例大小与发型、发饰、耳坠、眼镜、领型、项链和胸针成正比；容貌神态的强弱程度也是服装图案大小和色彩明暗的选择依据；容貌和体型量感的大小则同时影响服装图案、垫肩、袖口、袖型、下摆、外轮廓等剪裁取向，也间接影响搭配的鞋包或腰带等饰品的质感及造型；五官和脸庞的比例是耳坠、项链、发饰和胸针的选择参数，也是服装图案大小和色彩明暗的重要选择依据。

按外貌挑选服饰款式最直观的陪衬技巧是：曲感配曲感，直感配直感；大气衬大气，精巧衬精巧；柔美对柔美，刚直对刚直。

风格特征的表现形式多种多样。从量感和比例的呈现方式，分为大气型和优雅型。大气型表现为骨感、成熟、夸张、醒目、戏剧感；优雅型表现为温柔、雅致、女人味、精致、温婉。从神态和脸型的呈现方式，分为浪漫型和干练型。浪漫型表现为华丽、曲线、性感、高贵、妩媚；干练型表现为中性、帅气、好动、简约、少年感。从成熟感程度的呈现方式，分为可爱型和端庄型。可爱型表现为圆润、天真、活泼、甜美、少女感；端庄型表现为成熟、正统、知性、典雅、古典感。

依据人物外形量感大小和比例关系，判断人物的外形量感是大身架型、小身架型还是中间型。身体的量感是指身架的大小，与人的胖瘦没有太大的关系。身架大的人不一定高而胖，身架小的人也不一定矮而瘦。

脸形量感大小是指五官、脸形呈现的形态。脸形呈骨感，五官夸张而立体的人往往量感大；脸形较小，五官紧凑而小巧的人往往量感较小；脸形量感大小介于两者之间是中间型。

脸庞大—五官大：选择艳丽的色系，利用对比的搭配效果，图饰或剪裁应大气，需要明显的饰品点缀。

脸庞小—五官小：着装用色浅淡为佳，服饰之间采用渐变或统一的配色法为宜，图饰及剪裁应精巧设计。

脸庞大—五官小：上装的剪裁、穿着的服装的领型、袖型、下摆、外轮廓等剪裁应偏大，渐变色搭配更佳，大图饰配色要浅，小图饰配色要亮。配饰选择镂空性大配饰或浅淡色配饰。

脸庞小—五官大：服饰剪裁可以较另类，对比的颜色以鲜艳色配称为主，图饰奇异或夸张更显特质。

服饰的款式是由面料、图案、剪裁和装饰等设计元素组成的。面料表现在轻薄与厚重、挺括与柔软、下垂与飘然等。图案表现在直轮廓与曲轮廓、大与小、粗与窄、简单与复杂、规则与凌乱、明显与浅淡等。剪裁表现在直线型与曲线型、夸张与精致、简单与复杂、规则与凌乱、宽松与紧身等。装饰表现在简洁与复杂、清纯与朴质、规则与凌乱、时尚与经典等。

每个人都有自己独特的风格特征，通过观察和感受人物的身架、脸形、五官和气质，特别是眼神、唇形或鼻梁等整体感所散放出来的神态。在女子当中，有蕴含典型女人味的，她们有华丽、性感、高贵、妩媚的气质，有的女士则突显端庄、成熟、正统、知性、典雅的美感。区分开各自的个性风格，其相对应的装扮手法是不一样的，具体的分类可从脸形轮廓与体型轮廓方面进行。

根据脸形轮廓的线条，可将脸形分为直线型、曲线型和中间型三种。直线型的脸部轮廓和五官大体呈现直线感，给人硬朗、中性化的感觉。曲线型的脸部轮廓呈现曲线圆润感，同时五官带给人的感觉是温柔的，具有女人味的。中间型是在直线感和曲线感之间的脸型。

身体的轮廓主要看肩部与整个身架线条的倾向性。体型轮廓分为直线型、曲线型和中间型三种。偏"端肩膀"的，肩部走势平直，身体线条平直、骨感，为直线型。有些"溜肩"的，肩部呈下滑的弧线，身材丰满、线条圆润，往往为曲线型。既不明显平直，也不明显圆润的属于中间型。

二、不同风格的塑造

（一）大气型与优雅型

大气型：骨感、成熟、夸张、醒目、戏剧感。

优雅型：温柔、雅致、女人味、精致、温婉。

1. 大气型装扮范例（又称戏剧型）（图13-1-1）

人群特征：这类人大多身材高大、脸部轮廓分明、存在感强，五官夸张而立体，量感十足，比实际身材显高。这类人五官、脸庞和身材都偏大，她们的装扮技法应是全身充满了鲜明的个性，打扮引人注目。穿着个性才能最好地衬托出她们的性格与气质。此类人有些身材大，五官和脸庞小；而有些人则相反，是五官和脸庞偏大，身架却不大。像韦唯或蔡依林，五官和脸庞足够大，而身材不太高。

装扮技法：为了让这类人群能由内而外地达到个性的统一，把魅力发挥到极致，在服装款式方面，建议选择宽大的外套，款式时髦而富有个性。面料的选择幅度很宽，软硬薄厚适宜，夸张、华丽的图案，几何图案，大花图案，抽象及各种动物毛皮类图案。既可以选择直线形裁剪的服饰，也可以选择曲线形裁剪的服饰，选择的幅度非常大。将亮点放在上身，充分运用大配大的原则，用发型、化妆、耳环、眼镜、项链，特别是上装的领部区的剪裁和装饰等要与五官、脸形成正比地呼应陪衬，以吸引眼球。通过剪裁将上装的修腰位往上提，往内收，以塑造出上短下长的较佳

图 13-1-1 大气型装扮范例

视觉效果。如果是身高偏矮的人，就要运用下装的设计令腿部显得长些。量感小的人，在职业场合可以借助饰品和服装的面料来体现自己的品质。整体外形量感小的女士色彩的选择偏淡雅，明度和纯度不宜太高，服饰之间多选用渐变或统一的陪衬手法；服饰的质感适宜软质，图饰和剪裁相应偏小。掌握将吸引力集中于脸上的装扮技巧，使自己的独特气质通过外在衬托充分呈现，这就表现为服饰与人物形象搭配的设计艺术。

职业装：选择时尚的带有锐利感的职业套装（裙或裤都可以），搭配有醒目图案的丝巾与饰品和大而方正的公文包。例如，垫肩偏厚的上衣，根据脸形选择大开领的衣服，喇叭袖，带夸张的多层花边的衣服；而中性化的西装，搭配紧身开衩长裙也不错。当不便使用大图形或太大饰品装扮时，则通过剪裁或对比搭配来体现，如上装与下装对比或者外装与内装的反衬设计等。休闲职业装体现夸张骨感的身材，选择富有个性、时尚、宽大、时髦的服饰，如大开领、宽松袖、阔腿裤、大披肩等。

配饰与鞋包：饰品应具有时髦的现代气息，偏大而夸张，更能吸引众人的目光，如大耳环、多层项链等。鞋包可以根据不同场合选择不同款式，鞋包都应醒目而夸张。

发型：适合时尚、夸张的发型，长直发、大波浪等，男式短发。化妆要突出眼影，强调嘴唇轮廓，不必去追随平凡的妆面。不成熟的、可爱的、中庸化的服饰风格要回避。

2. 优雅型装扮范例（图 13-1-2）

根据女性化的神态和程度来区分，有的女性化较浓郁些，有的较委婉些。这些区别直接影响各自装扮元素的选择。

女性化程度较大的神韵：华丽、曲线、性感、高贵、妩媚。

女性化程度一般的神韵：优雅、温柔、雅致、精致、温婉。

女性化程度较大的浪漫型装扮在下文会呈现。此处一起来感受女性化程度一般的优雅型风格的装扮。

图 13-1-2　优雅型装扮范例

外形风格与情感：脸部轮廓线条柔美、五官精致、眼神柔和、脸部量感较轻盈，身材适中、偏曲线。优雅的面容、温柔的眼睛给人以小家碧玉的感觉，无论身材和脸庞曲线，带给人的印象都是具有女人味的。

装扮技法：面部精致，曲线柔美，温柔与雅致合二而一，适合软而细的乔其纱、丝绸、缎类和羊驼绒等柔软轻盈的面料。用柔和的线条强调温柔、优雅，偏曲线感的服装、柔软的皱褶裙和鱼尾裙都很合适，曲线形的花朵、圆点类图案，会让她们尽显优雅本色。

服装：柔软的针织衫，精致的连衣裙，能够恰到好处地展现女人味。飘逸比直筒紧身型更出彩，套装里的衬衣，也应用花边等作装饰，最好用水彩画似的晕染图案，对比不要太明显。因为她们的眼神很温柔，所以柔和线条的款式及面料很适合她们。细腻的套装，柔软的褶裙或荷叶裙比鲜明、硬朗的紧身裙更适合。连衣裙类选择柔软、有飘逸感的裙子来搭配羊毛或羊绒的开衫毛衣；宽松而有垂感的长裤搭配真丝翻领衬衣等。回避有力度的、直线感的、过于个性化的、可爱的服装风格。年轻的优雅型女士在装扮时，应加入时尚元素，否则会增加年龄感。

职业装：裁剪有型且雅致，西服套装可在领部、衣襟、口袋等细节方面使用花边、皱褶做装饰，腰部、臀围设计合体。

饰品与鞋包：倾向女性化设计，适合精致而上品的金、银、珍珠、水晶类饰品。选择柔软的皮质，秀气而女人味十足的鞋包。

化妆：妆面不宜过浓，选择淡雅的眼影和口红，并强调睫毛。

发型：适合柔和的披肩发、微卷发、盘发等。

(二)浪漫型与干练型

浪漫型:华丽、曲线、性感、高贵、妩媚。

干练型:中性、帅气、好动、简约、少年感。

1. 浪漫型装扮范例(图13-1-3)

图13-1-3　浪漫型装扮范例

外形风格与情感:华丽、曲线、性感、高贵、妩媚。五官长得性感圆滑,看上去有柔软的感觉,脸部轮廓及五官曲线感强;形象迷人,五官甜美,女人味十足,眼神妩媚,身材圆润;突显华丽、曲线、高贵和妩媚感。

装扮技法:曲线大花图案、花边、花朵都让女人味表露无遗。款式设计有弧线的领和袖,蓬松而线条流畅的长裙,柔软、悬垂感好的宽松型裤子,体现曲线美的套装,都是诠释浪漫型女士风格品位的最佳款式。

服装:柔软、华丽的面料,精致、高贵的饰物花边衬衣,蕾丝衬衣,大荷叶裙,乔其纱或针织,衣领、袖口所点缀出的华丽感,充分展露女性化特质。选择以华美、夸张的曲线裁剪为主的服装。选择蓬松的、带有皱褶的、线条流畅的长裙,质地柔软的、悬垂感好的宽松型裤子,上衣多一些装饰。休闲服装对浪漫型的人来说可能是最不合适的着装了,如牛仔和T恤。应回避直线的、中庸的、随意的服饰风格。

商务装:选择较柔和的面料,并在款式细节上突出浪漫氛围。不要打扮得过于华丽,回避太多曲线成分的性感装扮,避免太艳丽的色彩以及太性感的面料。穿两件套时,将艳丽的设计元素放在内装,外套展示素雅的设计。

配饰与鞋包:选择光泽感强、曲线感强、华丽且夸张的饰品。选择有饰花装饰的高跟鞋,选择绣花包、软皮包等。化妆时应以眼睛为重点,强调睫毛。

发型:可以是长发或短发,柔软而丰满蓬松的波浪发型最能体现浪漫型女士的气质。

2. 干练型装扮范例(又称少年型)(图13-1-4)

干练型的人买衣服既省时又省心,因为她们的定位较准确,而且多数品牌也不适合这种类型的人,正统的套装会让他们拘谨,花边裙及蕾丝边与她们无缘。故而其选择范围可固定在几家干练型服饰店铺,或在裁缝店依照本人色系的百搭色定制衣物。虽然少,但是精致。

图 13-1-4 干练型装扮范例

外形风格与情感：脸部轮廓分明，五官直线感强，有力度感，英气十足；直线感强、干练、帅气，走起路来非常潇洒，这类型的人活泼、好动或成熟、干练。

装扮技法：款式以中性为主调，色彩避免浓艳，适合偏暗淡显稳定的色调（明度偏低）。例如，上装偏深色时，下装颜色应浅于上身。适合选取中明度的色调，如卡其、浅灰、米白、浅褐色。可选择直线型、清晰或对比的格纹、条纹或几何类图案，牛仔布等有硬度、挺括的面料。这种类型的人适合穿带有时尚风格的中性化服装，套装可选择立领多扣式，裤装配短上衣或 T 恤，把衬衫束在裤子里。皮带是干练型女士惯有的装扮。

服装：适合裤装、裙裤、小翻立领上衣、拉链上装、筒裙、皮夹克、短套装等。另外，条纹、格子、小几何图案也非常适合此类人群。面料可选择灯芯绒、纯棉或稍软的皮毛。回避多皱褶、华丽、中庸、保守、松散的服饰风格。

职业装：以直线裁剪为主，选择立领多扣式、小枪驳头的西服裤或裙套装，或选择裤装配短款上衣。适合帅气的休闲装，可将 T 恤和衬衣束在裤装里，系腰带。

配饰与鞋包：饰物不要太大，选择有个性的、帅气的、干练的鞋与包。通过别致的几何形耳环，时尚的、直线感强的项链、手镯，展现独特的风格。选择系带鞋、方跟方口皮鞋或男式靴；选择中性化十足的男式公文包、单带长挎包等。

化妆：不要使用过于鲜艳的颜色，用色应偏理性，强调眼影与眼线。

发型：适合超短发、直发、短碎发类的发型。

（三）可爱型与端庄型

可爱型：圆润、天真、活泼、甜美、少女感。

端庄型：成熟、正统、知性、典雅、古典感。

1. 可爱型装扮范例（又称少女型）（图13-1-5）

图13-1-5　可爱型装扮范例

外形风格与情感：脸部轮廓圆润，脸庞偏小，五官稚气，玲珑可爱；看起来比实际年龄小，可爱甜美，如小公主一般，眼睛明亮，身材线条柔和。

装扮技法：浅浅柔柔的颜色最合适不过了，飘逸的花边连衣裙也很适合，蕾丝花边、小碎花是她们的最爱。展现曲线的短套装也很符合可爱型女士。选取细碎花布、薄而软的羊毛、细条绒等面料，可选取有花朵、小圆点、小动物、蝴蝶结等图案的服饰。带有蝴蝶结的纤细裁剪的连衣裙搭配俏毛衫都很吻合她们的外表。

服装：只有那些轻盈柔美的少女服饰才能把她们甜美可爱的魅力表现出来。曲线剪裁的小圆领套装，背带裤、背心裙、喇叭裙、短上衣、小碎花棉布做成的衬衣都能突出活泼可爱的形象。她们穿上成熟的服装会出现与自身气质不协调的感觉。

职业装：选取曲线裁剪的小圆领短款的职业套装，有蝴蝶结、蕾丝边等可爱的装饰物，也可采用部分有动感的、乖巧的直线型服饰。

商务装：应该把天真的元素放在佩带的小饰品，或衬衣内装的色彩、领型、装饰等元素上；外套偏淡色，图案偏素色，并结合小圆领剪裁设计。这样既能适合职场装扮要求，又能保持个人风格。

休闲装：选择可爱、小巧的服装，如碎花衬衣、连衣裙、背带裙、喇叭裙、短上衣、A字裙、七分裤、有花边装饰的柔软的小开衫等。回避成熟的、夸张的、随意的、中庸的服饰。如果身材较高或过于丰满，应适当减弱可爱元素，而在发型和饰品上营造可爱少女氛围。

饰品与鞋包：适合纤细、小巧、玲珑剔透的饰品，如小珍珠耳环、玻璃珠项链、花形手链等。可选择圆头浅口中跟皮鞋或带花朵装饰的皮鞋，可选择小巧、皮质柔软、带有可爱装饰物的皮包。

化妆：用色需浅淡、柔和，强调睫毛和嘴唇。

发型：适合清纯的直发、马尾发、辫发以及可爱的小发卷。

2. 端庄型装扮范例（又称古典型）（图13-1-6）

外形风格与情感：端庄、成熟、正统、知性。面部轮廓与五官端庄并呈直线感，精致而高贵；身材适中，以直线为主；具有成熟、正统和知性的气质。随时随地保持衣物整洁，选择高品质的衣服与饰品。

服装：最好穿套装。简单、排列整齐的小图案或条纹最显气质，也合适这一类

图 13-1-6　端庄型装扮范例

人群。在职场中，选择做工精良、剪裁精致而合体的标准职业套装。

休闲装：可选用高腰装扮加系带鞋。选择皮质精致、规矩方正、大小适中的皮包。在直线型的女士当中，有些人的神态端庄、正统、知性，端庄型风格就是属于这种。她们脸部肌肉偏紧，显得严肃有距离感；而有些直线型女士，她们表情随和、亲切自然、淳朴大方，属于偏自然型的女性风格。

饰品与鞋包：用丝巾或精致的项链做套装领部的点缀，不宜有过多的装饰物，搭配精致的中型手提包，中跟、皮质上乘的浅口皮鞋。

发型：简洁长发，盘发，整齐严谨的烫发，头发需要打理得纹丝不乱，这类型的人稍微一放松就会显得太过朴素，而且就好像上了年纪似的。

第二节　男士四类风格塑造

一、古典风格塑造（图13-2-1）

服饰整体特征：精致合体的服装；挺括细腻的面料；均匀、规则排列的小纹样图案；精致、大小适中的饰物。

服饰细节特征：适合英式或其他做工精良、剪裁合体的传统样式西装，适合方领、标准领或牧师领衬衫，适合整齐、规则排列的几何形图案的领带。

休闲装：适合面料精致与做工考究的休闲装，如有领的T恤或衬衫类，合体的翻领外套等。

图 13-2-1　古典风格装扮范例

面料与图案：质地适合挺括的精纺毛料、丝织物、针织物和细腻的软皮革等面料；适合规则排列的条纹、格纹、水点等几何图案。

鞋、包、饰品：适合皮质精良、做工上乘、样式经典的鞋，方正、大小适中的公文包，精致而有高贵感的饰物等。

色彩：宜选择自己色彩群中理性倾向色彩，如深蓝、蓝灰、灰色、米色、驼色等。

回避过于个性另类、夸张醒目或随意粗糙的装扮风格。

二、自然风格塑造（图13-2-2）

服饰整体特征：随意、潇洒、略宽松、运动感强的服装；纯朴质感、大方、自然的面料；自然的花纹、格子、几何图案；朴实、大方的饰物。

服饰细节特征：适合美式"H"型或造型简单大方的西装，适合敞开衣扣的穿着或上下分身搭配穿着，适合方领、宽角领、有领尖扣的领型衬衫，适合几何形、条格、自然植物纹样、不规则的圆点、俱乐部式图案的领带。

休闲装：适合宽松的风衣、大衣，比身材大一号的休闲西服，不带过多装饰。

面料与图案：适合质感天然、无强烈光泽的面料，如棉、麻、粗呢、牛仔布、条绒等，图案适合条纹、方格、几何、民族图案、植物纹样、自然风光等。

鞋、包、饰品：适合造型简洁大方，皮质天然、柔软、舒适的鞋；皮质、牛仔或布质的包；造型简单，不过多装饰带有异国风情的饰物等。

色彩：选择适合自己的色彩群中柔和倾向的色彩。

回避过于华丽或标新立异的服饰风格。

图13-2-2 自然风格装扮范例

三、大气风格塑造（图13-2-3）

服饰整体特征：摩登、有舞台表演感的时尚服装；夸张、宽松的大领口，枪驳头双排扣的西装外套；华丽、时尚的面料；夸张、大气的图案；醒目、装饰性强的饰物。

服饰细节特征：适合欧式"T""Y"形宽大西装，枪驳头领、大领口、双排扣等。适合大方领、大八字、大尖角领衬衫等。适合醒目、大条纹、抽象、非写实类的图案领带。

休闲装：适合宽松、长款的大外套、棒针毛衣，夸张的格呢外套，大气时尚的流行款式。

面料与图案：适合光泽感好的面料，软硬均可。休闲时用粗纺面料，秋冬可用各种皮革。适合醒目、分明的几何形、大花朵、抽象类、动物毛皮类、人物等图案。

鞋、包、饰品：鞋、包可选择摩登现代的款式，鞋、包上可有醒目的装饰。选择独特、醒目、装饰性感的饰

图13-2-3 大气风格装扮范例

物,如奇特、大码的皮带扣、大手表,重复、夸张的项链或手链。适合图案奇特的领带。

色彩:无论哪种类型都要选择适合自己色彩群中较饱和、有视觉冲击力的色彩,适合强烈对比搭配。

回避平凡、老实、小气的装扮风格。

四、稚嫩风格塑造(图13-2-4)

服饰整体特征:合体利落的小领口、多粒扣套装,体现流行样式的服装;每年最新流行的面料;清晰、对比、时尚感强的图案;造型新颖可爱的饰物。

服饰细节特征:适合合体利落的小领口、多粒扣或拉链式西装,在领、袖、扣等细节部分突显当季流行元素;适合尖角领、小立领等时尚衬衫;适合色彩反差鲜明的卡通,以及抽象、杂乱的几何形图案领带。

休闲装:适合多兜宽松牛仔裤、弹力紧身上衣、造型新颖的T恤等时尚休闲装。

面料与图案:适合流行的高新科技面料,棉、毛各类皮革,闪光硬挺的化纤等。适合个性化或可爱的几何形条纹、格子、动物毛皮及抽象类的图案。

鞋、包、饰品:适合各种流行款式,造型独特、装饰感特强的鞋。适合双肩背包,斜挎、多袋、硬质或漆皮等造型独特的包。

色彩:适合选择自己色彩群中较鲜艳的颜色,适合对比、视觉冲击力强的色彩搭配。

回避中庸、平淡、不流行、过于正统的装扮风格。

图13-2-4 稚嫩风格装扮范例

课后练习题

1. 你认为自己属于哪种风格?
2. 你认为什么样的服装和配饰适合自己。

第十四章 扬长补短的装扮

观看扬长补短的装扮视频

第一节 了解你的身材

一、颈部比例

1. 偏短

颈部长度小于脸长的一半。

2. 偏长

颈部长度大于脸长的一半。

3. 适中

颈部长度正好为脸长的一半。

二、肩型比例

1. 平肩

从水平线平视左右两肩点,刚好成水平线,即为平肩。平肩又分宽肩和窄肩两种。宽肩为两肩比臀宽;窄肩为两肩比臀窄。

2. 耸肩

从水平线平视左右两肩点,如果稍高且向前倾,肩骨大致明显且突出者,即为耸肩。此肩型人大多为骨感强而且很瘦之人。

3. 垂肩(溜肩)

从水平线平视左右两肩点,明显下垂者,即为垂肩。垂肩与梨形身材多有联系。

三、上身部比例

1. 三围位置比例

胸围位置约在肩部与腰部之间,三围之间的位置比例约为1:1:1.2。

2. 厚度比例

以腰围为1(尺寸比)时,臀围=1.3,胸围=1.3,墙面到背部距离=1/3,最突出的部分为胸围。

3. 身宽比例

以腰围为1(尺寸比)时,肩宽=1.5,乳头间隔=0.8,胸宽=1.3,臀部=1.4。胸、腰、臀三宽比例为1.3:1.0:1.4,如果超出了这个比例就为以下体型。

(1)假如比值接近1.3:1.2:1.1,即肩宽>腰部>髋部,身材即近"倒三角形"体型。

（2）假如比值接近 1.1∶1.2∶1.3，即肩宽＜腰部＜髋部，身材即近"梨形"体型。

（3）假如比值接近 1.0∶1.0∶1.0，即肩宽≥腰部≤髋部，腰与髋的宽度接近一样，身材即接近为直线体型。

（4）假如用腰围除以臀围，若超过 0.8，就属于"苹果形"体型。

（5）假如厚度比值接近 1.3∶1.3∶1.3，从前面看肩宽≥腰宽≤臀部，靠墙站立，从侧面看腰部明显紧贴墙壁，胸、腰、臀的厚度基本相等，身材即接近为圆形体型。

4. 上身比例

标准比例为上身 2.7 头身（腰以上）、下身 4.4 头身（腰以下），即为 7.1 头身。如果上身短于 2.7 头身，则为上身短；如果超过，则为上身长。

5. 胸部大小及平坦

C 号胸围或更大胸围为胸部大，A 号胸围为胸部小。从侧面看没有明显乳峰的即为平坦。

6. 腰的比例

短腰为腰线在肩部与大腿根部连线的中点以上，长腰为腰线在中点以下。腰粗、小腹突出表现为腹部向外突出较多，有的比胸部还要突出。小腹突出常与腰粗有关。

四、臀部比例

1. 大

标准的臀部宽度是头宽的两倍多，若超过此宽度，则显得臀部过大且比两肩宽。

2. 小

髋部比两肩窄。

3. 平坦

臀部无峰形，且略下垂。有的人因腰部细小，使臀部显得平坦。

五、臂部比例

1. 偏短

肘部在腰线以上。

2. 偏长

肘部在腰线以下。

3. 适中

肘部在腰线齐平。

六、腿部比例

先量出肩到脚底的长度。

1. 腿短

腿的长度比上述长度的 1/2 还短。

2. 腿长

腿的长度比上述长度的1/2还长。

3. 腿型

有大腿较粗、小腿较粗、O型腿、腿细小等。

第二节　扬长补短的装扮技巧

一、脖子偏短的装扮技巧（图14-2-1）

（1）着装：目的是使颈部显得长些，苗条些。不适合穿立领、中式领、高领翻。适合能看见锁骨的汤匙领、V字领、鸡心领。

（2）不适合的发型及装饰：披肩发，戴宽大的短项链，丝巾系在脖子上部。

（3）适合的发型及装饰：盘发、发髻、短发或向上卷发，丝巾系在脖子下面。

图14-2-1　脖子偏短的装扮技巧范例

二、脖子偏长的装扮技巧（图14-2-2）

（1）着装：目的是使颈部显得略短些，各项和脖子偏短的装扮相反。适合高领、立领、中式领。

（2）不适合的发型及装饰：长而蓬松的发型，短而高密的项链或长项链，长项链视觉上还会拉长脖子的线条。

（3）适合的发型及装饰：长发或锁骨发，利用长发来掩饰脖子周围的部分。戴短项链或者贴合脖颈的锁骨链，系丝巾，围围巾。

三、腰身偏长的装扮技巧（图14-2-3）

（1）长裙比长裤更理想，原因长裙无法轻易看出实际腿长。若裙长过短，会使裙子呈现正方形，而非长方形，显得腿更短。

图14-2-2　脖子偏长的装扮技巧范例

（2）不适合的长裤：踏脚紧身裤，非常紧身、包着臀围的裤子。越是低腰设计，越会让腿显得短，腰身也就显得更长了。

（3）理想的长裤款式：各种高腰长裤，特别是传统长裤——垂坠性佳；直筒，裤管的窄度适中，前褶制造出优美高雅的垂直线条。较高的裤腰能将腰线提高，腿看起来更修长。裤脚不要反折，选择有中高跟的鞋子，让裤脚落在鞋面上。

（4）上衣多层次穿法：外层上衣要比内层上衣短，加穿一件背心，或略微宽松、稍短的套头上衣（比腰线高1~2英寸）。如果色调、颜色或质料有些微差，视线会落在较高的分界线上，显得腰身较高，腿更长。

（5）宽腰带有助于提高腰线，拉长腿形，但必须与长裤或裙子颜色相同，不能和上衣颜色相同。

图 14-2-3 腰身偏长的装扮技巧范例

四、腰身偏短的装扮技巧（图 14-2-4）

（1）在上半身制造明显的对角线条，可利用 V 字领、衬衫前襟、长形项链、长形围巾。

（2）利用立领或把领子竖起来。

（3）搭配的套头衫、背心或 T 恤可以盖过裤腰或超过皮带 1 英寸左右。穿无褶、窄裤管的裤。上衣越长，视觉上下半身越来越短。

五、下半身偏胖的装扮技巧（图 14-2-5）

（1）穿垫肩的衣服，使用围巾或披肩，既可增加上半身的分量，又可把视觉焦点集中到脸部。

（2）利用船形领和稍宽的翻领，甚至是水平线条。

（3）穿稍微宽松的上衣，不穿紧身裤，除非搭配背心、开襟毛衣或外套。如果系腰带的话，选择窄款腰带。

（4）柔软服帖的长裙，线条流利，可以平顺地表现出臀线，又不过于紧身；自然的垂坠感可拉长身形，选择窄款直裙或多片裙。不要选择细褶裙，因为它会显得下半身更宽。

（5）合身的宽褶长裤，裤管从臀部垂直落下，到脚踝处略微收束；没有口袋，拉链在侧边，无褶、窄裤管。

（6）布料越多，视觉上越胖。

六、上半身偏胖的装扮技巧（图 14-2-6）

（1）拿掉所有的垫肩，V 领、新月领的领线设计，避免细节过多的上衣。

图 14-2-4 腰身偏短的装扮技巧范例

图 14-2-5 下半身偏胖的装扮技巧范例

(2) 选择垂坠性佳的材质，剪裁不明显、柔软和流动感的设计。

(3) 宽腰带和短上衣都不理想。

图 14-2-6　上半身偏胖的装扮技巧范例

七、改善体形的良方（图 14-2-7）

(1) 除了条纹图案之外，线条的视觉效果会体现在款式剪裁、设计细节、布料织法、外部轮廓以及选择的颜色上。避免宽的垂直条纹，斜纹更能达到拉长身体的效果。

(2) 水平线条往上移，越靠近胸部或者上腰身，越显得腿修长。

(3) 对于胸部小、腰身大的梨形身材而言，可以在肩部强调水平线，增加上半身的宽度。

① 熟练运用长短配。例如，长款上衣搭配短裙或窄管长裤；短外套搭配长裙或宽管长裤。这样把身体分成三等份，而不是两等份，视觉效果较理想。

② 过宽的肩线、大翻领、宽裤脚都会增加不必要的空间感，显得臃肿。

③ 及地大衣或长裙会让人显得较矮。质地轻盈、垂坠感佳的布料会好些，但长度最长到脚踝。裤管越宽，长度就要越长，布料的垂坠性也要越大。笔直宽松的长裤最具有修长的瘦身效果。

④ 打褶长裤需要良好的剪裁，裤褶必须平整，裤腰必须松紧合身。有明显的前后口袋，或者过多细节设计的裤子，都不适合。

图 14-2-7 改善体形的良方的范例

⑤ 小垫肩具有拉长体形的视觉效果。

⑥ 短发通常会看起来比较高,露出脖子有拉长体形的视觉效果。

问:个子娇小,如何选择裙型?

答:长裙使人看起来更娇小,可以尝试到大腿一半的迷你裙或刚好在膝盖上方的窄裙。让腿的比例显得较长,搭配合身的上衣或短外套,且最好是同色系的,能拉长整个身型。

问:大腿特别粗,尤其外侧的肌肉较为突出,大腿与小腿不成比例,适合什么样的裤型?

答:关键在于膝盖以下的垂坠感。选择弹性佳的面料,使其顺畅、服帖,并且在膝盖附近稍微收窄一点,让膝盖以下的裤管呈现笔直垂落的线条,让腿长效果更明显。

问:萝卜腿怎么办?

答:不要穿短裤或紧身裤、迷你裙,不穿系带鞋或细跟高跟鞋,尽量保持衣服的下摆,鞋、袜色调统一。选择经典长裤或飘逸长裙。衣缘要收在腿部最细处。

问:牛仔裤俨然是全球公认的时尚制服,却很难找到一条穿起来既好看又合身的,请问有什么选择秘诀吗?

答:如果想要买到一条让臀部看起来又小又翘的牛仔裤,那么就应该把注意力放在后口袋。因口袋形状的不同,穿起来会有截然不同的效果。效果好的裤型如下:

a. 有口袋的比无口袋的好,除非你非常瘦小,否则无口袋的裤型会使臀部线条无限延伸,使臀部看起来更大。

b. 小而宽的口袋也不宜,越宽的口袋越有往两旁扩展的视觉效果,臀部看起来更大。

c. 长而窄的口袋有往内及往下拉长的效果,使臀部看起来小而翘。

课后练习题

1. 通过测量和观察,哪种扬长补短的装扮适合自己?
2. 你认为何种运动方式可以帮助自己塑造完美体型?

[参考文献]

[1] 西蔓色研中心. 中国人形象规律教程——女性个人色彩搭配分册 [M]. 2版. 北京：中国纺织出版社，2015.

[2] 西蔓色研中心. 中国人形象规律教程——男性色彩与风格分册 [M]. 2版. 北京：中国纺织出版社，2015.

[3] 西蔓色研中心. 中国人形象规律教程——女性个人服饰风格分册 [M]. 2版. 北京：中国纺织出版社，2014.

[4] 金正昆. 商务礼仪 [M]. 北京：北京联合出版公司，2013.

[5] 王诗漪. 舞蹈形体训练基础 [M]. 杭州：浙江大学出版社，2011.

[6] 樊莲香，阿理，汤海燕. 形体与形象塑造 [M]. 广州：中山大学出版社，2004.

[7] 吕艳芝. 教师礼仪的99个细节 [M]. 上海：华东师范大学出版社，2010.

[8] 樊莲香，陈阿理. 形象美姿塑造 [M]. 广州：广东省高等教育出版社，2010.

[9] 时尚杂志社. 时尚塑形 [M]. 北京：中国旅游出版社，2003.

[10] 潘国建. 美体塑形操 [M]. 上海：上海科学普及出版社，2009.

[11] 吴甜甜. 形体训练 [M]. 北京：国防工业出版社，2017.

[12] 王锦芳. 形体舞蹈 [M]. 杭州：浙江大学出版社，2006.

[13] （美）丽萨·珀塞尔. 女性形体健美 [M]. 姚妍婷，译. 北京：人民邮电出版社，2015.

[14] 王静. 识对形体穿对衣 [M]. 桂林：漓江出版社，2011.

[15] （美）乔治·布雷西亚. 改变你的服装，改变你的生活 [M]. 红霞，译. 北京：北京联合出版公司，2016.

[16] 张富云，吴玉娥. 服饰搭配艺术 [M]. 2版. 北京：化学工业出版社，2017.

[致谢]

　　大学阶段是人生最富有发展力的时期,人才培养是大学最根本的使命。在大学期间培养良好的健康意识、美的形体和靓丽形象,这有助于提高大学生的自信心,为其成长与发展增添助力。《大学生形体与形象塑造》一书集形体、礼仪、形象塑造于一体,旨在培养学生追求内外美统一的理念,培养学生形成美的思维,从而塑造美的形象。我们相信,通过学习本书,能够培养出肢体美感,提高自信,达到塑造靓丽形象的目的。

　　大学生形体与形象塑造课程自2000年在中山大学开课,2017年获得广东省精品资源共享优秀课程,2014年获得广东省本科高校教学质量与教学改革工程精品教材建设立项,2016年为中山大学慕课课程建设项目,2009年为校级精品课程建设项目,连续获得第六、七、八届中山大学教学成果奖。在多年的教学实践过程中,教学团队不断总结教学经验,精心设计了简单、实用的形体训练、形体礼仪、形象塑造内容,包含成套练习、视频内容等。教学效果显著,深受学生好评。2016年,教学团队负责人樊莲香教授被评为"中山大学第七届校级教学名师奖"。令人欣慰的是我们的课程也广泛地应用于企事业单位的培训中,而且我们还拥有一批忠实的读者和课程的受益者,既有大学生,也有社会学习者。

　　感谢广东财经大学人文与传播学院汤海燕女士(负责撰写礼仪塑造篇)、陈向平先生(负责撰写形象塑造篇),两位老师踏实、严谨、敬业,教学态度与精神二十年如一日,成就了大学生形体与形象塑造课程,以及《大学生形体与形象塑造》《形体与形象塑造》《形象美姿塑造》等书。感谢广东知心教育学院邓兵院长,在本书的框架定踱中字字推敲,句句斟酌。感谢张红星博士的鼎力支持。

　　感谢华南理工大学艺术学院任道副教授和法国国立奥比利埃音乐学院研究生韦宇靖女士。韦宇靖女士为教材及其视频中耐心地做讲解和示范,展现出优美的舞姿、扎实的芭蕾基本功。感谢美丽的双胞胎姐妹李菡、李菪,从2004年《形体与形象塑造》开始,多年来坚持学习,从懵懵懂懂的大学生变成成熟美丽的女士,并且将每次的收获总结成文字。

　　感谢我的学生,原国家艺术体操队队员陆颖娜(现上海体育学院教师)、胡美(中山大学新华学院体育部),她们一直支持大学生形体与形象课程,在课程拍摄方面提供了大力支持。感谢孙传方(现中山大学新华学院教师)为拍摄提供服装支持,以及对书稿进行修改润饰;感谢刘畅(现美国密歇根大学研究生)、李家齐(现广州大学研究生)的加盟,为本书提供了创意点与创新点。还要感谢高等教育出版社副社长陈建华、体育分社社长范峰以及易星辛编辑,感谢他们在本书出版过程中给予的启迪与鼓励。

　　感谢选我们课程的全体同学,感谢同学对老师的鞭策和鼓励,是你们对美的呼唤使老师在追求美的道路上不敢片刻停歇。

最后特别感谢为本书做序的李萍教授（原中山大学党委副书记、副校长），这是李萍教授继《形体与形象塑造》（2004）、《形象美姿塑造》（2010）之后再次赠序。她是中山大学康乐园"优雅从容"的代言人，更是怀一腔柔情进入臻美善之境的成功女性。

本书为华南理工大学"十三五"普通高校教育规划教材项目，在广东省本科高校教学质量与教学改革工程精品教材建设中立项。感谢中山大学对此教材及课程的大力支持。感谢本课程教学团队中老师和同学的倾心加盟。

本次著书虽有多年准备，掩卷思量，有诸多不易。在著书过程中，编者深刻感觉"学无止境"与"力有不逮"的压力，书中不足之处，敬请批评指正。

樊莲香

2018年8月18日

郑重声明

高等教育出版社依法对本书享有专有出版权。任何未经许可的复制、销售行为均违反《中华人民共和国著作权法》，其行为人将承担相应的民事责任和行政责任；构成犯罪的，将被依法追究刑事责任。为了维护市场秩序，保护读者的合法权益，避免读者误用盗版书造成不良后果，我社将配合行政执法部门和司法机关对违法犯罪的单位和个人进行严厉打击。社会各界人士如发现上述侵权行为，希望及时举报，我社将奖励举报有功人员。

反盗版举报电话　　（010）58581999　58582371
反盗版举报邮箱　　dd@hep.com.cn
通信地址　北京市西城区德外大街4号
　　　　　高等教育出版社法律事务部
邮政编码　100120

防伪查询说明
用户购书后刮开封底防伪涂层，使用手机微信等软件扫描二维码，会跳转至防伪查询网页，获得所购图书详细信息。

防伪客服电话
（010）58582300